U0146196

Questions and Answers About Forest
森林環境解說知識問答集
240個非知不可的森林祕密
forest
你不知道的
森林
行政院農業委員會林務局
遠足文化公司◎合作出版

讓我們更瞭解森林

閉上雙眼，想像置身於一片森林之中，是否感覺到一陣涼風徐徐吹來，深深吸上一口氣，空氣中帶有淡淡芬芳，這時也一定聽得到蛙鳴鳥叫，遠遠的地方傳來人們愉悅的談笑聲，或許正在讚嘆這片森林的美好。沒錯！這就是大多數人對森林的印象，總是充滿美好、愉悅的感受。

其實，森林能給我們的不僅只是如此，森林是地球陸域中，組成結構最複雜也最完整的生態系之一。台灣的森林因地形起伏及各種自然因素的變化，蘊藏了非常豐富的動、植物相，許多珍貴的昆蟲、鳥類、哺乳類都依賴著它而生存，而森林對氣候的調節及水土的保持是許多生態系所無法比擬的，另外我們日常所使用的木材，更是森林給我們最好的瑰寶。森林如果透過適當的經營管理，就能永續的發揮涵養水源、國土保安、公益效益等功能及提供我們日常所需的木製品及副產品，相信只要我們用心去探索，森林裡頭就有許許多多有趣的事物等待你我去發覺，如同一座知識寶庫，讓我們受用無窮。

隨著全球森林面積逐漸減少，導致氣候變遷、環境失衡和物種滅絕都是未來人類生存環境所需面對嚴苛之挑戰。對全球大部分國家而言，森林是重要的自然資源，也是環境保護的最佳屏障，這在森林佔了國土面積59%的台灣更是如此。台灣全島的森林覆蓋面積約為210萬公頃，森林覆蓋度在全球的230個國家或地區中位居第31位，台灣森林資源之多樣性與衍生各種效益，在歷經科學研究及驗證下，已受世人高度肯定及重視。對台灣來說，森林不只是一群樹木的代名詞，更和我們的生活息息相關，每個人都應該好好了解森林。沒有了森林，我們也等於失去了這塊土地，更失去了那些美好生活環境、愉悅的生命經驗及感受。

2011年是國際森林年，目的在喚醒人們對永續經營、保護和開發世界森林的意識，強調人與森林在環境與發展的密切相關，鼓勵所有人採取具體行動，以感謝森林對人們無私的奉獻。近年來台灣社會普遍關切森林在水源涵養、物種保育、碳吸存、遊憩等的生態與社會效益，希望藉由本書的出版，透過簡單的問答，引導讀者一步步了解森林，發覺森林的可貴，以不同的角度來認識這片您不知道的森林。

代理局長 李桃生

目錄
CONTENTS

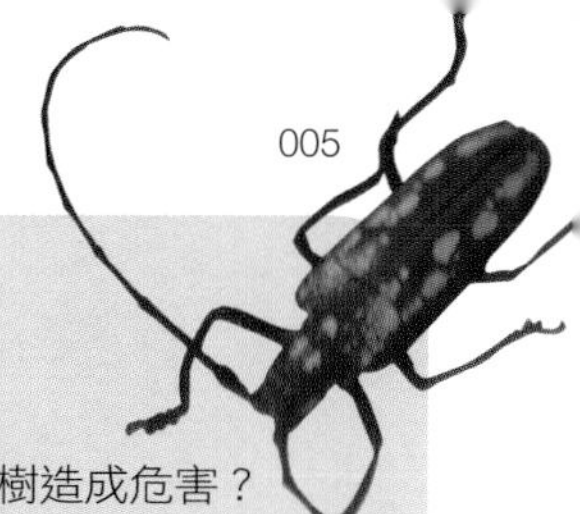

森林景觀 108

世界各國的森林景觀

臺灣的森林景觀

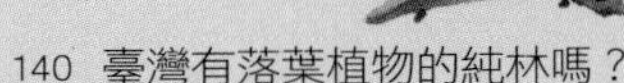

森林功能 154

森林與水

森林與氣候

森林與環境

其他功能

森林與人 190

森林與人的互動

林業利用史

森林經營管理 224

森林護管與保育

實用資訊 282

你不知道的森林生物。

1 動物
2 植物
3 真菌

森林與野生動物的分布有關嗎？

野生動物的分布涉及許多環境因素，包括氣候、植群、地況，與其他動物等因子的影響；森林的植群則由生育地內的各項因子作用而成，例如海拔的差異，會形成不同的森林景觀。野生動物會依據其需求選擇適合的森林作為棲地，森林則提供野生動物基本生存所需，如食物、遮蔽、水、活動空間等。若森林能充分且穩定的提供棲息條件，野生動物就能穩定的生存與繁衍；反之，當森林植群改變時，野生動物的種類與數量也隨之改變。就地球各種生態環境而言，森林提供最穩定的生存環境，所以森林是野生動物最佳之棲息家園。

野生動物的分布，與森林密不可分。（圖為山羌） 楊秋霖/攝

森林與動物間的關係

森林植群的改變或消失，連帶的會使得棲息其中的動物種類與數量也隨之改變。例如，扮演供給者角色的森林，其中一種植物的消失，可能會導致以此植物為主食的初級消費者消亡，並連帶引發以此初級消費者物種為主食的第二級消費者數量也隨之減少，而使得原先平衡的食物鏈面臨重大改變。

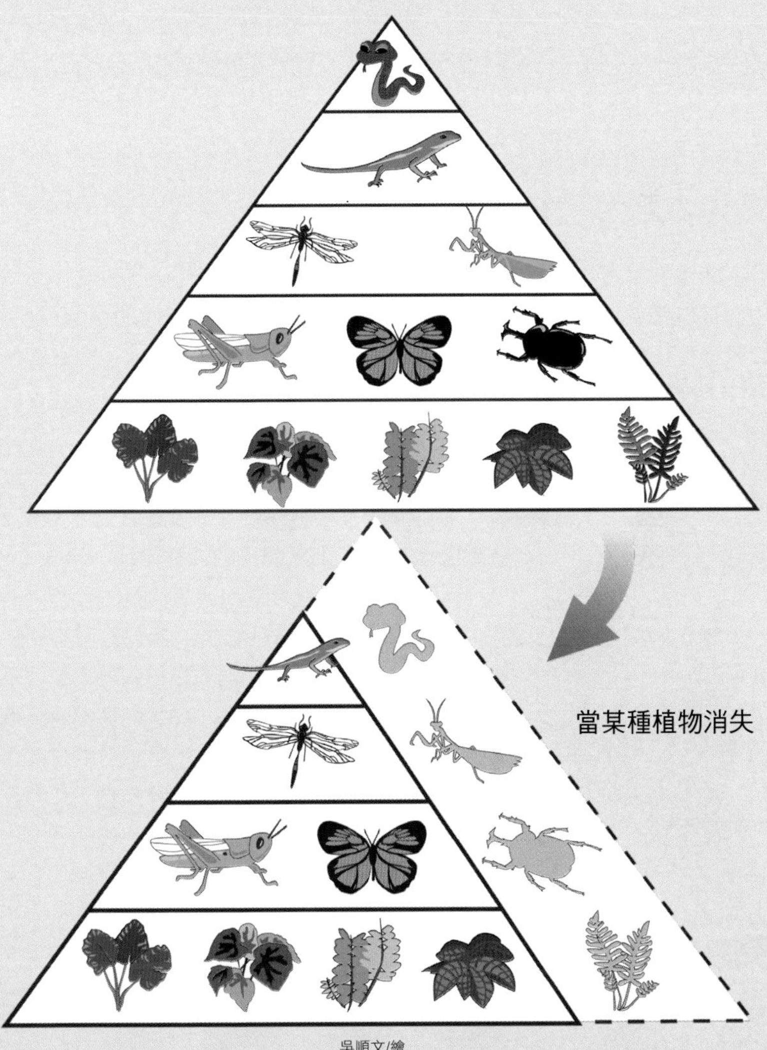

吳順文/繪

現在野外還有臺灣黑熊嗎？

列為瀕臨絕種保育類野生動物的臺灣黑熊，在野外不易發現其蹤跡，多在人跡罕至的冷溫帶至暖溫帶森林，才能偶而看到牠們。臺灣黑熊主要生活在海拔1,000~3,500公尺的原始闊葉林、針闊葉混合林，甚或針葉林中，是臺灣食肉目動物中最大型的哺乳類動物，在大自然中幾乎沒有天敵，唯一的天敵大概就是人類。臺灣黑熊需要很大的活動空間，但隨著臺灣西部山區的開發，使得臺灣黑熊不但面臨遭獵捕的壓力，更因為人類的活動干擾與破壞原始林，迫使臺灣黑熊只能往深山移動，或生活在零散的原始森林中，族群相當稀少。

臺灣獼猴的特性是什麼？主要分布在哪些地方呢？

臺灣獼猴屬靈長目、獼猴科，為臺灣特有種，亦為其他應予保育之野生動物，也是臺灣除了人類以外唯一的野生靈長類。臺灣獼猴屬於群居性動物，一群通常維持在10~30隻左右，最多曾發現70餘隻的族群，活動區域以樹冠層為主，偶而會下到地面；生性聰明、模仿力強，成猴在天敵出現或遇到危險時會發出短促之「喀！喀！」吼叫聲，或搖動枝幹來警告同伴。臺灣獼猴通常在日間活動，清晨和黃昏是覓食的高峰；屬雜食性，主要以植物之果實、嫩莖葉為食，攝取食物種類會隨著季節變動而改變。廣泛分布於臺灣全島從低到高海拔的森林地區，海拔3,000公尺以下的山區都可見到臺灣獼猴的蹤影；棲息環境以濃密之天然林為主，喜歡出現於裸露之岩石或水源地附近。過去生存的最大威脅來自人為狩獵與棲息地破壞，由於遊客的過度餵食，臺灣獼猴漸漸不怕人，開始出現在果園與遊客群集之處，故當前保育焦點已移轉到危害農作物與擾民問題之處理。

臺灣獼猴

由於人類的活動干擾與破壞原始林，如今已不容易在野外發現臺灣黑熊的蹤跡。
（圖為臺北市立動物園的臺灣黑熊）

列為保育類野生動物的臺灣獼猴，是臺灣特有種，也是臺灣除了人類以外唯一的野生靈長類。

臺灣的森林裡有哪些蝙蝠？

全世界的蝙蝠種類可能已超過1200種，僅次於囓齒目動物，佔了哺乳類四分之一。蝙蝠也是唯一真正可以飛行的哺乳動物，屬於翼手目，下分二個亞目，即大翼手亞目和小翼手亞目，共計18科。目前在臺灣森林裡可看到的蝙蝠共有4科29種，包括：

1.葉鼻蝠科：無尾葉鼻蝠、臺灣葉鼻蝠；

2.大蝙蝠科：臺灣狐蝠；

3.蹄鼻蝠科：臺灣大蹄鼻蝠、臺灣小蹄鼻蝠；

4.蝙蝠科：黃頸蝠、高頭蝠、寬耳蝠、絨山蝠、臺灣彩蝠、摺翅蝠、毛翼大管鼻蝠、金芒管鼻蝠、隱姬管鼻蝠、臺灣管鼻蝠、姬管鼻蝠、黃胸管鼻蝠、金黃鼠耳蝠、渡瀨氏鼠耳蝠、寬吻鼠耳蝠、臺灣鼠耳蝠、白腹鼠耳蝠、長趾鼠耳蝠、長尾鼠耳蝠、崛川氏棕蝠、山家蝠、臺灣家蝠、臺灣長耳蝠、霜毛蝠。

徐偉斌/繪，林務局

蝙蝠有哪些特性？為什麼要倒掛睡覺呢？

蝙蝠是唯一真正可以飛行的哺乳動物，也是典型的群居、夜行性動物，白天大多用後肢倒掛在樹上或洞穴的石壁上睡覺，到了晚上才出來活動覓食。蝙蝠在黑暗中飛行與覓食時，多藉由發出超高頻率音波的回聲定位，來偵測周遭環境。多數的蝙蝠以果實與昆蟲為主食，對昆蟲數量的控制與花粉傳送、散播種子都有助益，無論在生態系或經濟上都佔有重要的地位。由於蝙蝠在飛行時會大量消耗體力，因此蝙蝠通常在白天進入沉睡。至於蝙蝠為什麼老是倒掛著睡覺呢？主要原因有三：

1.蝙蝠的後腳又短又小，而且被翼膜連住，很不靈活，在高處倒掛著睡覺，可以避開敵人的偷襲，遇到危急時也可以隨時伸展翼膜起飛；

2.蝙蝠居住的多半是潮溼陰暗的石頭洞穴，地上過於潮溼睡起來不舒服；

3.經過一夜的大量勞動後，倒掛著睡有助於血液循環恢復體力。

蝙蝠在高處倒掛著睡覺，以避開敵人的偷襲，遇到危急時能隨時伸展翼膜起飛。

林青峰/攝

鳥類在森林生態中扮演什麼角色？

鳥類依其種類不同，分別在森林生態系中扮演初級、中級、甚至高級消費者的角色。以花蜜、野果為主食的鳥類可以協助傳遞花粉與傳播種子；以昆蟲為主食的鳥類每日要吃掉其體重15%~30%的昆蟲，有助於維持森林昆蟲數的平衡，例如，有「森林醫生」之稱的啄木鳥，每天可吃掉與其體重相當的昆蟲；高級消費者如貓頭鷹、隼等以野鼠為主食；烏鴉等則以垃圾或腐屍為主食。透過不同層級的角色，能使森林生態維持在一個穩定的狀態，更協助部分的分解與疾病控制的功能，因此森林中的鳥類可說是人類最佳生活的環境指標。

「猛禽」指的是哪些鳥類？

提起猛禽，許多人馬上會想到翱翔空中的老鷹。其實，就廣義的猛禽而言，可分為隼形目，如鷲鷹和隼，與鴞形目，如貓頭鷹。鷲鷹和隼主要在日間活動，有日間殺手之稱；貓頭鷹多半在夜間活動，有夜間殺手之稱。目前鷲鷹全世界共有210種，臺灣有27種（包括魚鷹）；隼全世界共有60種，臺灣有5種。鷲鷹和隼的共同特徵是嘴粗短，先端成鉤狀，大多上嘴有蠟膜；腳短、爪銳利，雌鳥體型多半比雄鳥大。主要棲息在樹林中，飛行能力強，可運用上昇氣流滑翔或盤旋。隼擅長以快速振翅後作短暫飛翔，較少盤旋，喜歡直接由空中追擊地面的小型野生動物。在臺灣最常見的鷲鷹是經常盤旋在次生林上、喜歡捕蛇的大冠鷲，族群最少的是赫氏角鷹、林鵰，屬於瀕臨絕種野生動物。

夜間活動的鴞形目中，草鴞科全世界有12種，臺灣只有1種；鴟鴞科全世界有134種，臺灣有12種。共同特徵是頭大、頸短，可作大幅度左右轉動，飛行時輕巧無聲。臺灣的貓頭鷹以褐林鴞、黃魚鴞體型最大，鵂鶹體型最小，頭背後的花紋像極了兩顆眼珠，可用來欺敵。除了草鴞為瀕臨絕種野生動物，臺灣的貓頭鷹都是珍貴稀有野生動物。和鷲鷹與隼翱翔天際主動出擊的獵捕習性不同，貓頭鷹善於等待，總是在獵物出現後才迅速捕捉。然而無論是鷲鷹、隼或貓頭鷹，都在急遽的消失中，因此目前全世界都朝著將所有猛禽都列入保育類動物的方向努力。

黑長尾雉

不同種類的鳥類，在森林生態系中扮演不同的角色，使得森林的生態維持穩定的狀態。（圖為灰面鵟鷹）

森林中的鳥類是人類最佳生活的環境指標。（左圖為黑枕王鶲，右圖為茶腹鳾）

臺灣可以看到哪些猛禽？

臺灣可以看到的猛禽可分為留鳥猛禽與候鳥猛禽。留鳥猛禽指的是終年居留在臺灣島上的猛禽，包括：大冠鷲、鳳頭蒼鷹、松雀鷹、黑鳶、林鵰、 赫氏角鷹、黑翅鳶、遊隼、黃嘴角鴞、領角鴞、蘭嶼角鴞、黃魚鴞、褐林鴞、灰林鴞、鵂鶹，其中遊隼有部分為冬候鳥及過境鳥。候鳥猛禽則是一年中只有某些季節前來臺灣的猛禽，如秋過境鳥、冬候鳥、春過境鳥、夏候鳥與迷鳥，包括：魚鷹、東方蜂鷹、灰面鵟鷹、灰鷂、澤鵟、赤腹鷹、日本松雀鷹、北雀鷹、鵟、毛足鵟、紅隼、灰背隼、燕隼、東方角鴞、褐鷹鴞、短耳鴞、長耳鴞等，其中褐鷹鴞有部分為留鳥。

徐偉斌/繪 林務局/提供

需要以枯立木作巢的貓頭鷹被視為原始森林指標鳥類。（圖為褐林鴞）

某些猛禽為何是原始森林的指標鳥類？

在猛禽的鴞形目中，除了草鴞是以草原作為主要棲息環境外，多數的貓頭鷹都生活在樹林裡，以樹洞築巢繁衍。但貓頭鷹無法自行挖洞做巢，必須仰賴天然的巢洞，所以被稱做二次洞巢者。然而，一個良好的天然巢洞必須大到貓頭鷹可以棲身、孵育雛鳥，又必須小到可以避免遭受天敵的侵襲；因此，找到適合的巢洞，就成了貓頭鷹繁衍下一代的最大關鍵。哪一種森林才可能出現多餘的巢洞呢？很顯然的，應該是老齡林。因為林分在衰老的階段中，有一些樹會整棵枯死，有些則是枝幹部分凋萎；經過蟲蛀，或者經由一次洞巢者啄木鳥的敲啄後，貓頭鷹才能使用。因此，枯立木的存在，讓牠們有了築巢繁衍下一代的機會；而通常只有原始林，才擁有足夠的枯立木供貓頭鷹棲息，因此，貓頭鷹被稱做原始森林指標鳥類。

賞鷹，這裡去

蛇鵰

地點	時間	位置	種類
東眼山森林遊樂區	1~6月	遊客中心前廣場、東眼山林道	1~6月：大冠鷲
			4~6月：鳳頭蒼鷹
	10~2月	行政管理中心、自導式步道上層【東眼山林道】	林鵰
	6~2月	知性步道入口、 親子峰步道	6~8月：黃嘴角鴞
			10~2月：鵂鶹
臺東	全年	知本森林遊樂區－榕蔭步道（觀海亭）	鳳頭蒼鷹、大冠鷲
	9月~10月	知本森林遊樂區－榕蔭步道（觀海亭）	赤腹鷹、灰面鵟鷹、東方蜂鷹
		樂山、 利嘉林道、太麻里金針山、 四格山	赤腹鷹、灰面鵟鷹、蜂鷹、魚鷹、大冠鷲、鳳頭蒼鷹、林鵰、赫氏角鷹、松雀鷹等。
墾丁	9月~10 月	滿州鄉里德	赤腹鷹 灰面鵟鷹
		墾丁森林遊樂區、 社頂公園凌霄亭	
	全年	墾丁森林遊樂區前廣場、 觀海樓頂樓	大冠鷲
藤枝森林遊樂區	全年偶見	瞭望臺、 遊客中心外平臺 、 藤枝山莊平臺	鳳頭蒼鷹 、 大冠鷲
雙流森林遊樂區	全年	遊客中心前草坪、陽光草坪、瀑布步道、帽子山步道	大冠鷲
池南森林遊樂區	9月~10月	池南國家森林遊樂區(鯉魚山步道頂設置之觀景平臺)	赤腹鷹、鳳頭蒼鷹
彰化	清明節前後	彰化市桃源里三清宮附近	灰面鵟鷹
大雪山森林遊樂區	每年9月下旬至10中旬上午8:00-9:30	41、43k 船型山、鞍馬山莊	鳳頭蒼鷹、大冠鷲

知識小百科

留鳥型猛禽

赫氏角鷹
Spizaetus nipalensis

特徵：眼橘黃色；趾淡黃色，爪黑色；頭暗褐色，頭頂及臉頰濃黑褐色；喉至胸乳白色，喉部中央有黑褐色縱線，前頸至胸有暗褐色縱斑；腹以下白色；飛行時，雙翼寬廣、後緣突出。

許晉榮/攝，林務局

領角鴞
Otus bakkamoena

特徵：中嘴鉛綠色；腳灰色；眼橙紅色；顏盤灰黃色，有不規則之黑色斑紋，盤緣黑色，有耳羽；腹面大致灰褐色，具有箭簇狀斑紋，頸部有灰白色橫帶，腹部中央白色；尾下覆羽灰白色，有黑色細斑。

黃秀珍/攝，林務局

蘭嶼角鴞
Otus elegans botelensis

特徵：中嘴、腳爪橄欖灰色；眼黃色；顏盤褐色，有角羽，警戒時會聳起。個體間體色略有差異，典型者為褐色帶有暗褐色及灰黃色斑紋，有些羽色偏紅，或呈明顯的紅褐色；肩羽下有一列白色斑點；腹面黃褐色帶有黑褐色橫斑及箭簇狀軸斑。

梁皆得/攝

候鳥型猛禽

魚鷹
Pandion haliaetus

特徵：嘴黑色；腳青灰色；嘴基、過眼線至耳羽連成一黑褐色帶狀過眼線；頭白色，頂上有黑褐色細縱斑。飛行時，雙翼呈狹長型，翼下污白色，有淡褐色橫帶；尾羽短，呈扇形。

徐偉斌/繪，林務局

灰面鵟鷹
Butastur indicus

特徵：灰面鵟鷲，頭部為灰褐色，眉為白色，喉部亦為白色，中央有一黑色帶狀橫紋。胸部為白色橫紋與褐色橫條相交錯，飛行時可見翼下白色的部分摻雜著有灰褐色的斑紋出現。

紅隼
Falco tinnunculus

特徵：雄鳥嘴青灰色；腳黃色；眼下方有深灰色垂直條斑；頭至後頸鼠灰色；背部紅褐色，具黑色橫斑；尾羽鼠灰色，末緣白色而內側有黑色寬黑帶。雌鳥大致似雄鳥，但頭至後頸紅褐色而具深色細縱紋；尾羽赤褐色且具明顯之橫斑。

除竹雞外，臺灣還有哪些雉科鳥類？

雉科鳥類在臺灣有紀錄的共有七種，包括：臺灣山鷓鴣（深山竹雞）、竹雞、鵪鶉、藍胸鶉、藍腹鷴、環頸雉與黑長尾雉（帝雉）。其中，藍胸鶉、臺灣山鷓鴣、藍腹鷴、環頸雉、黑長尾雉為保育類鳥類。在森林中，黑長尾雉、藍腹鷴與環頸雉是體型僅次於猛禽的鳥類，因為擁有一雙強健的腳，善於奔走，多半以地面為家。為了應付地面危機四伏的狀況，發展出高度的警覺心和喜歡隱藏身體的習性；但有趣的是，雉科鳥類因為擁有色彩豔麗的羽毛，與亮麗的外型，在森林裡踱步時，猶如貴族般散發雍容華貴的氣質而格外引人注目。黑長尾雉主要分布於臺灣的中、高海拔的盛行雲霧帶，加上喜歡在起霧時出現的特性，使得黑長尾雉有「迷霧中王者」的稱號；牠的身影也同時出現在我國1,000元新臺幣的背面。藍腹鷴分布於臺灣中海拔之闊葉林中，環頸雉為臺灣特有亞種，曾經是臺灣低海拔丘陵與平原中常見的鳥種，但過度的開發使得環頸雉面臨棲地碎化與人類干擾等問題而逐漸消失，如今僅能在臺中清泉崗空軍基地、嘉南平原僻靜之處與花蓮臺東一帶偶而看見。黑長尾雉、藍腹鷴、環頸雉、藍胸鶉屬珍貴稀有鳥類，臺灣山鷓鴣則為其他應予保育類之野鳥，鵪鶉則為稀有的過境鳥。

臺灣山鷓鴣是臺灣比較常見的雉科鳥類。 徐偉斌/繪，林務局

知識小百科

藍腹鷴
Lophura swinhoii

特徵：雄鳥多呈現藍黑帶紫藍色金屬光澤；有白色羽冠；肩羽紫紅褐色；尾羽除中央一對為白色外，其餘為深藍色。雌鳥體型較雄鳥小，背面大致為暗褐色，有均勻排列之土黃「V」形花紋。

環頸雉
Phasianus colchicus

特徵：雄鳥臉紅色，頭頂藍綠色帶褐色，有冠羽；頸部有白色頸環；肩羽紅褐色，有白色斑點；尾羽極長，灰褐色，有暗褐色橫斑。雌鳥全身多為淡黃褐色，背面密布色暗褐色斑點；尾羽略帶紅褐色，有暗褐色橫斑。

黑長尾雉(帝雉)
Syrmaticus mikado

特徵：雄鳥全身多為深藍黑色而有光澤，翅膀有一條白色翼帶；尾羽長且有白色橫紋。雌鳥體型較小，全身多為橄欖褐色帶有淺色縱斑；尾羽栗色，有明顯之黑色橫斑；胸、腹部有黑色斑點及白色箭頭形斑紋。

楊秋霖/攝

啄木鳥為什麼要一直啄樹呢？

多數的啄木鳥主要是以昆蟲為生，只有少數以果實為主食，啄木鳥啄樹的動作，其實是啄木鳥正在覓食。啄木鳥透過良好的「聽診」能力，能夠在眾多的樹木中，發現藏有害蟲的樹，並運用尖嘴扣擊樹幹，偵測出昆蟲確切位置，立即施以「外科手術」，一陣猛敲，將患處敲出一個小洞，將隱藏在樹皮或樹幹中的害蟲吃掉，讓樹能繼續成長，因此有「樹木醫生」的美譽。

啄木鳥的身體構造跟一般鳥類有什麼不同？

徐偉斌/繪，林務局

大赤啄木雄鳥頭頂羽色為紅色，又有森林小紅帽之稱。

啄木鳥為了覓食，必須不斷地啄樹，但為什麼啄木鳥從來沒有因此而昏倒、腦震盪或眼珠子掉出來呢？原來，啄木鳥有一顆構造特殊的腦袋。啄木鳥的大腦被一層密實而且富有彈性的頭骨緊緊包裹起來，海綿狀的頭骨形成一個避震功能極佳的保護墊；在頭蓋骨與大腦間，有一個含有液體的小縫隙，可以緩衝外力的撞擊。而啄木鳥頭部的某些肌肉會收縮，可以幫助吸收與分散撞擊的力量；舌頭底部的結締組織延伸環繞整個腦部，形成另一層防震功能。這種外殼堅硬、內裡柔軟又富彈性的頭部構造，與安全帽的設計原理相同，因此能有效形成保護。此外，仔細看，當啄木鳥在鳥喙接觸樹幹的前一刻會閉上眼睛，如此一來，就可以防止眼睛在劇烈撞擊下，從眼眶裡掉出來了。

臺灣有幾種啄木鳥？

目前臺灣有4種，分別為：大赤啄木、綠啄木、小啄木與地啄木。其中大赤啄木和綠啄木喜歡棲息在中、高海拔的原始針闊葉混合林或闊葉林，屬於珍貴稀有的保育鳥類；小啄木則主要棲息在中、低海拔的森林中，喜歡以螺旋狀爬升捕捉藏匿在樹皮裡的昆蟲。地啄木則為稀有的過境鳥或冬候鳥。

大赤啄木母鳥餵食雛鳥。

許晉榮/攝，林務局

臺灣的森林中有哪些兩棲類？

兩棲類可分為有尾目、無尾目與無足目。臺灣的兩棲類有：有尾目的山椒魚，以及無尾目的蛙類，共37種。有尾目山椒魚科共有5種，包括：臺灣山椒魚、阿里山山椒魚、楚南氏山椒魚、觀霧山椒魚以及南湖山椒魚五種，五種山椒魚都是冰河期孑遺動物，都是瀕臨絕種野生動物。無尾目則分為5科32種，其中屬於森林性的兩棲類有：一、樹蛙科：日本樹蛙、褐樹蛙、艾氏樹蛙、面天樹蛙、白頜樹蛙、諸羅樹蛙、橙腹樹蛙、莫氏樹蛙、翡翠樹蛙、臺北樹蛙；二、樹蟾科：中國樹蟾；三、赤蛙科：腹斑蛙、貢德氏赤蛙、古氏赤蛙、拉都希氏赤蛙、長腳赤蛙、豎琴蛙、梭德氏赤蛙、斯文豪氏赤蛙、臺北赤蛙；四、蟾蜍科：有盤谷蟾蜍、黑眶蟾蜍；五、狹口蛙科：小雨蛙、黑蒙西氏小雨蛙、史丹吉氏小雨蛙、巴氏小雨蛙。

蛙類有哪些特性？

一般所稱的蛙類，包括青蛙和蟾蜍，在分類上屬於兩棲綱無尾目，全世界大約有3900多種。兩棲類是最早登陸的脊椎動物，因此保有許多水棲動物的特性。蛙類通常將卵產在水裡或水邊，幼體時棲息在水中，以鰓及皮膚呼吸，變態後轉變為以肺與皮膚呼吸。成體後蛙類可以在陸地活動，但棲地仍須靠近水域或潮溼的環境，以保持皮膚溼潤。此外，蛙類屬於體溫隨環境溫度而變的外溫動物，加上體型小，活動和擴散能力差，因此多半分布在溫暖潮溼的平地或低海拔山區。

兩棲類是最早登陸的脊椎動物。
（圖為翡翠樹蛙）

蛙類多半分布在溫暖潮溼的環境中。（圖為拉都希氏蛙）　楊秋霖/攝

珍貴的阿里山山椒魚。　鄭安怡/攝

山椒魚是冰河期孑遺動物，屬瀕臨絕種的野生動物。（圖為臺灣山椒魚）　蕭明學/攝

臺灣森林中有哪些常見蛙類？

位於亞熱帶地區的臺灣，氣候溫暖，加上地形複雜，非常適合蛙類生活和繁殖，從海平面到超過三千公尺的山區都有蛙類分布，臺灣目前野外的蛙有32種，分屬5科，其中有7種被列為保育類野生動物。目前在臺灣森林中常見的蛙類有：盤谷蟾蜍、中國樹蟾、小雨蛙、古氏赤蛙、拉都希氏赤蛙、梭德氏赤蛙、斯文豪氏赤蛙、日本樹蛙、褐樹蛙、艾氏樹蛙、面天樹蛙、白頜樹蛙、諸羅樹蛙、橙腹樹蛙、莫氏樹蛙、翡翠樹蛙、臺北樹蛙等。其中，褐樹蛙、面天樹蛙、諸羅樹蛙、橙腹樹蛙、莫氏樹蛙、翡翠樹蛙、臺北樹蛙及盤古蟾蜍等8種為臺灣特有種。

毒蛇頭部一定都呈三角形嗎？

不一定。例如，雨傘節的頭就是橢圓形。要判斷是否為毒蛇，要由外表特徵，如花色、有無毒牙等來確認。

如何分辨青蛇與赤尾青竹絲？

青蛇與赤尾青竹絲可以從體色、頭形與尾部分辨。赤尾青竹絲的體色以綠色為主，頸部細長、頭呈明顯三角形，青蛇頭部是橢圓形；母的赤尾青竹絲身體兩側有一條從頸部延伸到尾部的白色縱線，公的在白色縱線下方另有一條紅色的細縱線，青蛇則完全無；赤尾青竹絲的尾部為磚紅色，青蛇則通體都是綠色；最重要的是，赤尾青竹絲有毒，但青蛇則屬溫馴的無毒蛇類。

全身呈現綠色的青蛇屬溫馴的無毒蛇類。 楊秋霖/攝

知識小百科

臺北樹蛙
Rhacophorus taipeianus

特徵：中小型的綠色樹蛙，體背為綠色，腹面、四肢蹼膜及眼部虹彩為黃色。

黃千紅/攝

面天樹蛙
Kurixalus idiootocus

特徵：雄蛙體長約3公分，雌蛙約4公分，前肢腹面近腋下左右各有一黑斑。

許正宗/攝

莫氏樹蛙
Rhacophorus moltrechti

特徵：其鼠蹊部及大腿內側為鮮紅色，且散佈著大大小小的黑斑，其次眼球的虹彩及蹼膜亦為鮮紅色。

楊秋霖/攝

蔡錫淵/攝

貢德氏赤蛙
Hylarana guentheri

特徵：屬於大型蛙類，身體光滑，鼓膜外圍有一圈白色紋路。

地球上數量最龐大的動物類群是什麼？

根據統計，昆蟲是地球上動物種類最多的一群，佔所有動物四分之三或全球生物的一半。人類對昆蟲又愛又恨，如蝴蝶之美、獨角仙之可愛大家都喜歡；但蝗蟲之肆虐、毛毛蟲之噬咬又令人生厭，但無論如何昆蟲卻是生態系中不可或缺的一環。在生態系中，許多動物以昆蟲為主食；授粉性昆蟲如蝴蝶、蜜蜂等則是開花植物的媒婆；糞金龜專門清理動物糞便，是大自然的清道夫等。因此，昆蟲的種類與數量，將影響整個生態系其他動物的消長，在食物鏈中扮演重要角色。由目前挖掘出來的化石推測，昆蟲大約出現於三億五千萬年前，遠比恐龍早；也就是說，早在人類出現之前，昆蟲已經在地球上生活，並通過漫長、嚴厲的演化過程存留下來，成為地球數量最龐大的生物族群。

蜘蛛、蜈蚣是昆蟲嗎？

令人望而卻步的蜈蚣，不算昆蟲。

最簡單辨認昆蟲的方法，是從牠們的外觀特徵來辨別，昆蟲一定擁有下列特徵：一、昆蟲一定有三對、六隻腳；第二、昆蟲身體分為頭、胸、腹三部分，不過這指的是成蟲。因此，有八隻腳的蜘蛛和更多腳的蜈蚣，都不是昆蟲。

糞金龜為何要推糞呢？

糞金龜是以動物糞便為食的一種昆蟲，會將蒐集而來的動物糞便做成一個個糞球，推滾到挖好的洞埋起來慢慢享用。此外，推糞球也是一種求偶行為，推越大糞球的雄糞金龜越容易得到雌糞金龜青睞，並在糞中交配、產卵，以糞球撫育下一代。糞金龜使得動物糞便可以快速回歸到土壤中，不僅可增加植物所需的養分，還可防止傳染性疾病的蔓延，因而有「大自然的清道夫」之稱，也是古埃及人視為「聖甲蟲」的辟邪聖物。

八隻腳的蜘蛛，不屬於昆蟲家族。

有「大自然的清道夫」之稱的糞金龜，也是古埃及人視為「聖甲蟲」的辟邪聖物。

昆蟲是生態系中不可或缺的一環。（圖為紫紅蜻蜓）

臺灣的鍬形蟲有哪幾種？

鍬形蟲是鍬形蟲科昆蟲的總稱，全世界大約有1,200種。臺灣特殊的地理環境、複雜的氣候，造就了昆蟲王國的美譽，其中單是鍬形蟲一科，就擁有13屬54種鍬形蟲種之多，而且多數為特有亞種昆蟲，其中甚至有28種是只分布於臺灣的特有種，且陸續還有新種或新紀錄種發表。鍬形蟲雄蟲通常有誇張美觀、角一般的大顎，這並不是用來咀嚼食物，而是用來對抗天敵、打鬥及爭奪食物地盤。在臺灣的平原或淺山區比較常見的鍬形蟲是扁鍬形蟲及鬼豔鍬形蟲；臺灣大鍬形蟲、長角大鍬形蟲則因數量較少，已被列為保育類野生動物。

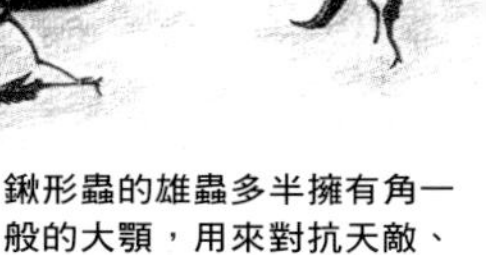

鍬形蟲的雄蟲多半擁有角一般的大顎，用來對抗天敵、打鬥及爭奪食物地盤。

蟬只在夏天出現嗎？

根據研究，蟬出現的時間並非只在夏季，而是從春末三月到深秋的十一月底，因南北緯度不同而有所增減。蟬的一生，多半處於幼蟲期，而幼蟲期的長短又因種類有所不同；如草蟬的幼蟲期只有短短一年，而美國有一種蟬的幼蟲期卻長達十七年之久。成蟲後的蟬以刺吸式口器吸食植物的汁液維生，雄蟬則以聲音誘引雌蟬來交尾；交尾之後，雌蟬將卵產於樹幹或枝條裂縫中，完成傳宗接代任務後，雄蟬與雌蟬便相繼死亡。整個成蟲期大約僅2~4週，因此，我們所聽見的蟬聲，可是牠們以生命唱出的「生命之歌」！

每隻蟬都會叫嗎？

在蟬類中只有雄蟬才會叫。蟬的發聲來自腹部前端音箱蓋的鳴器，雄蟬腹部兩側各有一對鳴器，鳴器上方有音箱蓋，裡面有褶膜、鏡膜，側方有鼓膜；當腹中的發音肌肉收縮時，鼓膜會發生凹凸現象，產生聲波，並引起褶膜與鏡膜共鳴，發出宏亮的鳴叫聲。不同種的雌蟬對不同的音頻有辨識能力，可藉由雄蟬的歌聲，讓同種雄、雌蟬在短暫的生命中相遇、交尾以繁衍後代。

扁鍬形蟲是臺灣最常見的鍬形蟲。

蟬的一生，多半處於幼蟲期，成蟲期大約只有2~4週，因此，我們所聽見的蟬聲，可說是牠們以生命唱出的「生命之歌」。

臺灣被稱作「蝴蝶王國」，那麼臺灣究竟有多少種蝴蝶呢？

臺灣位居亞熱帶、加上生物地理位置特殊，動植物種類繁多，縱使面積狹隘，仍吸引大批蝴蝶棲息。目前臺灣已知蝴蝶約有410多種，分屬10科，就單位面積的種類與數量上，在世界名列前茅；其中臺灣特有種更佔了近1/10，因而有「蝴蝶王國」之稱。其中，以鳳蝶科蝴蝶體型最大、外型也最美艷，有「蝶中之王」美譽；其他科蝴蝶種類也多，但環紋蝶科目前在臺灣僅有一種。

寬尾鳳蝶有什麼特徵？寬尾鳳蝶的幼蟲吃什麼？

寬尾鳳蝶是一種大型鳳蝶，展翅時約有9.5~10公分；前翅底色為黑褐色，後翅中室及靠中室附近有一白色大斑紋，外緣有一排紅色弦月紋；在所有鳳蝶類中，是唯一具有兩條翅脈貫穿的寬大尾突。由於寬尾鳳蝶數量非常稀少，被日本人譽為「夢幻之蝶」，目前已被列為瀕臨絕種保育類動物。寬尾鳳蝶幼蟲的主要食源為臺灣特產的稀有植物，也是冰河時期的孑遺生物——臺灣檫樹。每年春末夏初，臺灣檫樹發新葉時，寬尾鳳蝶便將卵產至新葉上，幼蟲共分為五齡，於秋天結蛹，待來年春天再度羽化，長達一年的生命週期，與臺灣檫樹的生長週期結合，是植物與昆蟲共同演化的最佳例證。

寬尾鳳蝶數量稀少、身形美艷，被日本人譽為「夢幻之蝶」。

早年臺灣滿山遍野都可以見到成群翩然起舞的蝴蝶，而有蝴蝶王國之稱。（圖為大白斑蝶）楊秋霖/攝

臺灣獨特的氣候與生物地理條件，植物種類繁多，吸引蝴蝶棲息。（圖為樺斑蝶）

螢火蟲為什麼會發光?

這是因為螢火蟲的尾端長有「發光器」。在螢火蟲的發光器內，佈滿了許多含磷的發光質和一種螢光酵素，經過複雜的氧化還原反應產生亮光。不過這個氧化還原產生的能量，多半用來發光，只有約2～10%的能量轉為熱能，因此螢火蟲的光並不像電燈泡會燙人，故稱為「冷光」。雌雄螢火蟲在發光器的形態上有明顯的差異，不僅是配偶識別的重要特徵，亦可產生不同的光譜，傳達不同的語言訊息。不同種類的螢火蟲發光顏色不同，發光時間和頻率也不同，只有同種的螢火蟲能辨認出對方所發出光的訊號，達成交尾目的。

臺灣哪些地方可以看到螢火蟲?

臺灣約有56種螢科類昆蟲，每年的3~5月底，與11~12月是賞螢的的最佳時機；太陽下山後到晚上九點之間，螢火蟲最活躍，是最佳的賞螢時段。目前臺灣許多地方都可以看到螢火蟲，尤其是注重螢火蟲生態復育的地區。最佳賞螢地點包括：臺北市陽明山；新北市承天賞螢步道、烏來；新竹縣內灣東窩星海螢區、南坪古道；苗栗縣錫益古道、勝興車站、頭份鹿廚坑；南投日月潭、水社碼頭、溪頭；臺中東勢林場；嘉義阿里山；臺南曾文水庫、梅嶺；高雄青山農路；屏東墾丁；花蓮鯉魚潭、富源森林遊樂區、池上鄉東側山區、太魯閣國家公園警察隊後方天然林溪谷等。

螢火蟲尾端的發光器，
能在黑暗中發光。
（圖為黑翅螢）

花蓮鯉魚山步道是著名的賞螢勝地。

楊秋霖/攝

曾文水庫周圍是重要的賞螢景點。

「虎頭蜂」是指哪種蜂？為何被螫叮後，很快就遭到整群攻擊？

民間常稱的虎頭蜂，屬於翅膜目—胡蜂科，臺灣常見的有：大胡蜂、姬胡蜂、黃腰胡蜂、黃腳胡蜂、黑絨胡蜂、擬大胡蜂等。因頭大如虎、凶猛如虎，加上身上有類似虎斑的紋路而得名。胡蜂在螫咬人時，螫針與警戒費洛蒙會同時遺留在人體中，而警戒費洛蒙會隨著人類揮打胡蜂的動作擴散到空氣裡；當其他胡蜂聞到這種氣味，便會處於被激怒的狀態，馬上進行攻擊，因此一旦被一隻胡蜂螫叮，很容易引來一大群的胡蜂追擊。胡蜂的蜂毒是由毒蛋白組成，被螫咬時，會引起皮膚紅腫、刺痛、暈眩以及發熱的現象，若受到群蜂攻擊，會造成溶血、肌肉痙攣、呼吸困難等現象，甚至引發休克死亡，不可不慎。

在山區如何避免被虎頭蜂攻擊？

每年的8~11月，是虎頭蜂大舉出動，為冬眠準備食物的季節，為了避免被虎頭蜂攻擊，要記住幾個原則：

1.不要穿著顏色鮮豔的衣服，特別是黃色與紅色，因為虎頭蜂喜歡顏色鮮明而且具有香味的花卉植物。
2.絕對不可以擦香水，包括含有芳香味的除汗劑或洗髮精。
3.看到蜂窩時要記得繞路而行，千萬不要因為好奇而去敲打；如果遇到虎頭蜂在頭上盤旋，應儘快離開，不要用手揮打。
4.儘量穿長袖長褲上山，可以保護身體，並戴上帽子做好頭部防護。

如果遭到虎頭蜂攻擊時，可以蜷曲臥下不動，儘量將頭、頸、手用衣物保護；若遭蜂螫時可以用溼毛巾輕敷傷口，儘快就醫。

在山區看到蜂窩或警告標誌時要繞路而行，千萬不可因好奇而敲打，以免招來危險。

虎頭蜂因頭大如虎、凶猛如虎，加上身上有類似虎斑的紋路而得名。

森林生物 植物

「年輪」是怎麼形成的？

樹木的生長是靠根、莖、葉共同合作，樹幹則藉著形成層細胞分裂而逐年加粗，並因週期性的成長，在樹橫斷面上，形成以髓心為中心同心圓的層次，稱為生長輪。春天時因氣溫較高，光合作用旺盛，水分充足，細胞分裂快速，產生的細胞較大、細胞壁較薄，顏色比較淡，稱為春材；秋天氣轉為溫低，乾旱，細胞生長趨緩，形成細胞較小且顏色較深，稱為秋材；冬天則停止生長，生長輪清晰可見。所以，一圈春材加上一圈秋材，就是一環年輪，代表一年。在溫帶地區，四季分明，樹木通常一年只有一個生長週期，因此生長輪又稱為「年輪」。由年輪可以推算樹木的年齡，但在熱帶地區因為四季氣候不明顯，樹木較少形成年輪，但還是有生長輪。

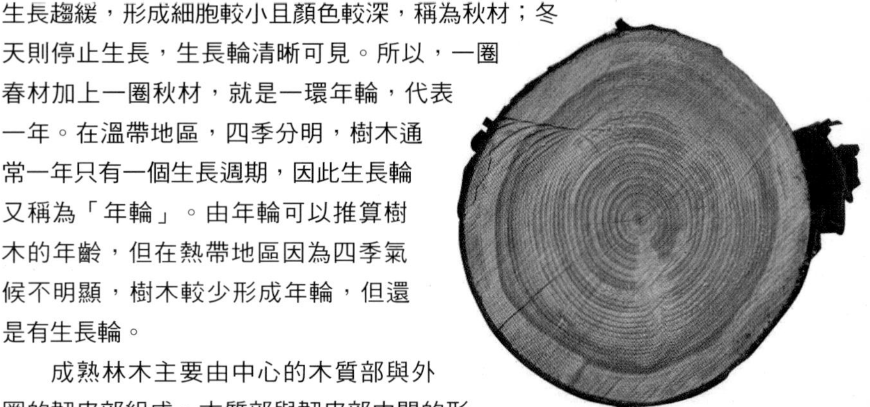

樹木的年紀，就藏在年輪裡。

成熟林木主要由中心的木質部與外圈的韌皮部組成，木質部與韌皮部中間的形成層是分生組織，經常分裂形成林木的肥大生長。形成層新生的分裂組織為次生木質部，包在初生木質部外面，其後初生木質部漸死、變硬、喪失輸送水分與礦物質的功能，成為堅硬的骨架，只具支持作用，就是樹幹中心死的心材，是構成木材的主要部分；而外圍的活層次生木質部仍具有輸導的功能，就是邊材。心材通常包含鞣質，顏色較深，或有芳香，質地堅硬，較能抗腐蝕；邊材則色淺、較軟，每個生長週期都有一或多層活的邊材細胞轉變成心材。

每一棵樹，都有屬於自己獨一無二的年輪。

如何判別臺東蘇鐵的年齡？

與一般樹木由樹幹斷面計算一圈圈的年輪密度不同，樹木年歲愈大，橫切面的年輪數越多，橫向發展也越明顯；臺東蘇鐵的年齡估算卻有所不同，其外顯特徵是隱藏在主幹上一環一環的成長痕跡，大約每年脫落一環的樹葉，故每一環代表一歲，因此年齡越大，主幹就越長。

樹木可以活多久呢？

對人類來說言，活到百歲就是人瑞了，但在植物的世界裡，生長超過百年以上的樹木可是比比皆是。例如，杏樹、柿樹可以活上一百多年；柑、橘、板栗則可活到三百歲；美洲杉可高達上千歲；臺灣的紅檜可活到三千歲；紅杉、猴麵包樹、澳洲桉樹可以活到四千多歲；美國加州與內華達州的赤果松有活到五千歲的紀錄；非洲西部加納利島上的一棵龍血樹，相傳早在五百年前就被西班牙人測定約有8,000~10,000歲，可惜毀於1868年的一次風災，可見只要沒有自然災害，樹木是非常長壽的。

世界上最長壽的樹木是什麼？

2008年科學家發現，是一棵位於瑞典富魯(Fulu)山區的雲杉，經美國佛羅里達州邁阿密實驗室對樹進行碳成分分析後，確認樹齡高達9,550歲，一舉刷新之前由北美地區赤果松所保持的五千歲紀錄，也改寫了北歐地區的氣候史。

對人類來說言，百歲就是人瑞，但在植物界，超過百年的樹木比比皆是。（圖為拉拉山神木）

臺東蘇鐵有幾歲？數數主幹上的環便知。

臺灣最長壽的樹木是什麼？

1996年，林務局公布臺灣十大神木，其中最長壽的的樹木是位於嘉義阿里山區的水山紅檜神木，年齡約3,000歲。

銀杏為何被稱為「樹木活化石」？

銀杏起源於兩億七千萬年前古生代石碳紀晚期，歷經一億年的演化過程，昌盛於中生代之侏羅紀，形體幾乎沒有改變，充滿旺盛的生命力，因而有「活化石」之稱。全世界僅有一科一屬一種的銀杏樹又稱公孫樹，生長緩慢而長壽，樹齡可達三、四千年。銀杏樹果實的種仁即俗稱的白果，可以作為中藥材；目前臺灣可見的銀杏樹以溪頭最多，有139棵銀杏樹為日治時期所栽種，為溪頭重要的景觀之一。

銀杏葉與果。

臺灣最高大的林木是什麼？其特徵為何？

臺灣最高大的林木非「臺灣杉」莫屬。身長可達90公尺的臺灣杉不僅是臺灣最高大的喬木，也是全世界唯一以臺灣當屬名的植物，與銀杏、水杉和美洲的世界爺等古生種同列為世界古老珍寶，因此也有人稱臺灣杉為「臺灣爺」，以表尊重。臺灣杉屬北方物種，歷經多次冰河災難，於一萬多年前最後一次冰河北退時，遷往臺灣高山；在臺灣海拔1,500~2,500公尺的高山檜木林帶，就遺留許多第三紀孑遺物種，臺灣杉是其中之一。臺灣杉全球只有一屬一種，主要分布於臺灣、中國的雲南、貴州與緬甸北部，形成不連續的雙種源中心。臺灣杉是臺灣重要的經濟樹種之一，與紅檜、臺灣肖楠、臺灣扁柏、香杉合稱臺灣針葉五木；目前最大的原生族群位於臺東、屏東交界處的雙鬼湖附近，已形成巨木群。

銀杏樹的種仁即俗稱的白果。

臺灣杉是臺灣最高大的喬木，也是全世界唯一以臺灣當屬名的植物。 楊秋霖/攝

銀杏歷經一億年的演化過程，形體幾乎沒有改變，故有「活化石」之稱。

臺灣高山常見的白木林是什麼樹種？

在臺灣高山上常見的白木林其實是臺灣冷杉與臺灣鐵杉經火燃燒後造成的，起火原因以閃電引火之成分居多。臺灣冷杉與臺灣鐵杉的樹葉富含豐富油脂，又屬輕型燃料物質，容易燃燒；樹幹則為重型燃料物質，也有油脂，但因含水量高，不易燃燒。在歷經火燒後殘留的樹幹，歷經風吹、雨打、雪害等剝蝕，使得焦黑的外皮逐漸剝落，僅剩內裡的枯材；但因高海拔寒冷地區枯木分解速度比較慢，加上長期受到強烈紫外線照射，便形成在低海拔區不易見到的白木林景觀。

臺灣鐵杉枯立木

什麼是森林界線？

受到氣候與影響，尤其是低溫、強風、裸岩多、土壤含石率高，使森林的發展受到限制，因而無法形成森林，反而形成矮盤灌叢或草原，此與森林鄰接處，稱作「森林界線」。在臺灣高山上，常可見到成片的玉山箭竹林與臺灣冷杉，有混生但也有截然可分的現象，通常玉山箭竹林在臺灣冷杉林的上方，形成明顯的森林界線現象。臺灣冷杉主要分佈於海拔2,800~3,600公尺山區，是臺灣高山森林的特殊美景之一，3,600公尺以上的臺灣高山土壤含石率更高，雖有玉山圓柏與玉山杜鵑等零星分佈，但無法形成安定的森林，因此平均約3,600公尺之臺灣冷杉林與玉山箭竹交界處，遂成了臺灣的森林界線。

白木林景觀是臺灣冷杉與臺灣鐵杉經火燃燒後造成。 楊建夫/提供

與玉山箭竹交界的臺灣冷杉林(虛線處)，是臺灣的森林界線。

玉山圓柏有什麼特色？

在臺灣高山的森林界線之上，偶而會看到弓著背、彎著身軀，傲然獨立於強風中的樹木，這就是有臺灣高山岩原中有忍者之稱的玉山圓柏。玉山圓柏又稱香柏、香青，是臺灣高山地區常見樹木，分布在3,000~4,000公尺的高山稜脊，分布海拔比有臺灣森林界線之稱的冷杉還高。由於生長土壤淺薄、養分貧瘠、風大，加上早晚溫差大，玉山圓柏生長多呈低矮匍匐灌木狀，與玉山杜鵑、川山氏忍冬等高山灌木混生。生長於迎風面的玉山圓柏常呈矮盤灌叢之姿，但若生長於背風面冰斗狀谷地或鞍部，則可形成高大的喬木，是非常能屈能伸的樹種。

生長在森林界線之上的玉山圓柏，為抵禦強風，多呈低矮匍匐灌木狀，因而有臺灣高山岩原中的忍者之稱。

玉山圓柏林主要分布在哪裡？

由於生長環境惡劣，玉山圓柏很少形成大面積鬱閉森林，成林的玉山圓柏主要分布於雪山的翠池、南湖大山圈谷、秀姑巒山、馬勃拉斯山附近谷地或鞍部。其中雪山翠池周圍的玉山圓柏林已劃為雪霸自然保護區範圍。

何謂「顯花植物」？

顯花植物又稱「被子植物」或「開花植物」，指的就是會開花的植物，是現今植物界分布最廣也最繁盛的類群，全世界共有25萬種至30萬種。被子植物與裸子植物最大的區別在於：被子植物木質部的構造上具有導管，而裸子植物僅有管包形成的假導管，沒有導管。顯花植物最主要的特徵是具有由花萼、花冠、雄蕊和雌蕊所組成的真正的花。

生長於背風面的玉山圓柏，可形成高大的喬木，是非常能屈能伸的樹種。

雲葉的特徵與生長環境為何？

雲葉又稱昆欄樹、山車，屬昆欄樹科昆欄樹屬，全世界只有日本、琉球與臺灣有。雲葉最特殊之處在於：屬於會開花的顯花植物，卻沒有顯花植物所具備的導管，僅維持原始狀態的管胞，而且花也不具有一般被子植物常有的花被與花萼。屬上古時代孑遺植物的雲葉，主要分布於全臺的盛行雲霧帶，常與紅檜、臺灣扁柏伴生；由於葉子常叢生於枝端，枝幹層狀排列，樹型極為優美，加之身處雲霧帶，更增添迷離之美。陽明山海拔600公尺處的硫磺泉地帶與竹子湖一帶，也有相當多數量，形成塊狀純林，是陽明山極具代表性的景觀之一。

雲葉與果。 楊秋霖/攝

高山與海濱植物擁有哪些相似的特徵？

高山與海濱地區，在氣候與地理條件上都極端不理想，土地貧瘠、水分缺乏、風力強勁，氣候不是極冷、就是極熱。因此，生長在這些地方的植物，為了適應惡劣的環境，在型態演化上，會朝著相同的方向進行，稱做「趨同演化」。例如，葉片表面具有較厚的蠟質、密毛，或葉緣反捲以降低水分的蒸散；擁有粗大的地下根莖以度過惡劣氣候；身型低矮以抗強風等，並將根系盡可能的往四方伸展，趁著降雨時大量吸收水分，或是將根系往地下深處伸展，可以延長吸收到地下水的時間與空間。

玉山杜鵑為臺灣高山具代表性的植物。

屬上古時代子遺植物的雲葉，外貌似顯花植物，卻沒有顯花植物所具備的導管。

虎杖是中、高海拔山區常見的植物。

玉山龍膽。

高山與海濱地區的植物，為了適應惡劣的環境，在型態演化上，會朝著相同的方向進行，而有著相似的特徵。（圖為海濱植物馬鞍籐）

「板根」是什麼？

板根是在靠近樹幹基部，呈三角翼狀伸展的平版狀構造，是靠近地表的側根極度向上做二次生長所造成的。因為熱帶雨林區的地面經常積水，板根的發育可以幫助地面呼吸，並擴展吸收地面的養分範圍，協助支撐龐大的樹身以免傾倒，並防止土壤的流失。許多熱帶雨林植物都具有板根，如麵包樹、銀葉樹等。

臺灣有哪些常見板根植物？

低海拔、高溫多雨環境中的植物比較容易形成板根，臺灣擁有最多板根植物的地方是屬於熱帶季風區的蘭嶼，大約有20種樹會形成明顯的板根現象。在臺灣常見的板根植物有：原生種的欖仁、銀葉樹、白榕、九丁榕、大葉楠、幹花榕、澀葉榕等榕屬植物，以及外來種的吉貝木棉、小葉欖仁、馬尼拉欖仁、麵包樹、波羅蜜、大葉桃花心木等。

臺灣有哪些支柱根植物？分布在哪裡？

支柱根是發生在樹幹高處的木質、堅硬的不定根，深入土壤慢慢發育而成，是熱帶林植物的最大特色。支柱根植物與板根植物同樣多出現在熱帶雨林氣候區，在臺灣則主要分布在熱帶季風區的恆春、蘭嶼一帶，最具代表性的就是白榕，此外榕樹、林投也都屬支柱根植物。

支柱根是由樹幹高處的木質、堅硬的不定根，垂落土壤慢慢發育而成。

板根植物多半出現在低海拔、高溫多雨的環境，板根可以幫助地面呼吸、吸收養分，並協助支撐龐大的樹身以免傾倒、防止土壤流失。

支柱根植物是熱帶植物的最大特色，綿密的支柱根常常被誤以為是一片樹林，分不清誰為主幹誰為支柱根。

有些植物為何會產生毒性呢？

有些植物為了防止動物食害，會在體內合成植物鹼、毒蛋白或有機酸等有毒化學物質，形成防禦機制。因為這些植物被碰觸或食用後會產生某種程度的傷害，因此被稱做「有毒植物」。有毒植物體內的有毒成分會隨著生長環境、季節以及部位的不同而改變，造成傷害的程度也因人而異，並沒有一定的認定標準。

臺灣有哪些常見有毒植物？

位於亞熱帶的臺灣，高等植物多達4,000多種，其中有毒植物約有200餘種，以夾竹桃科、豆科、漆樹科、蕁麻科、百合科、天南星科、大戟科、與蘿藦科等植物為主，大多分布於海邊、曠野及低海拔山區等人類活動頻繁區。如海檬果、臺東漆就是有毒植物。

如何辨別「咬人狗」與「咬人貓」？

咬人狗與咬人貓雖同屬蕁麻科植物，但外型有相當大的差異。咬人狗屬常綠小喬木，樹高可達三公尺，分布於中低海拔的森林中；樹幹灰白色、光滑，小枝粗壯，葉叢生在枝端；祕密武器在葉面、葉背、花序軸和果柄部都長焮毛。咬人貓則屬多年生草本植物，高僅70~120公分，喜歡群聚生長，多數分布於中海拔的森林下層，祕密武器是全株佈滿焮毛。焮毛是表皮細胞的突起，似針頭狀的刺毛，內含似蟻酸的有機酸，是一種構造極為巧妙的自動注射器。當皮膚不小心碰觸到焮毛時，囊內的酸液就由針頭小孔注入人體，引起疼痛灼熱的感覺，可持續數小時至一兩天之久。如果不慎誤觸，可以使用姑婆芋的莖部汁液或尿液來減緩疼痛。

森林中隨處可見的姑婆芋屬於有毒植物。

咬人狗樹高可達三公尺，祕密武器在葉面、葉背、花序軸和果柄部的焮毛。

咬人貓多半群聚生長，全株佈滿焮毛。

蕨類植物的特性是什麼？

蕨類是個古老的家族，早在三、四億年比恐龍更早的時代就已經出現，歷經地球環境的變遷，演化至今約有一萬多種，主要分布於熱帶與溫帶地區。由於大都生長在潮溼環境，因此蕨類植物又被視為潮溼環境的指標。蕨類植物不開花也不結果，以孢子來繁殖後代，一般看到的是具根、莖的孢子體，屬無性生殖世代；在陰暗潮溼的環境中，孢子會萌發、生長成細小、綠色、心形的配子體，以水為媒介，進行有性生殖世代，產生的受精卵發育成孢子體。孢子體與配子體的輪替變化，稱作世代交替，作為對抗不良環境的生存途徑。

許多蕨類都附生在其他植物上。（圖為伏石蕨）

楊秋霖/攝

臺灣有多少種蕨類？

臺灣因特殊的地形與氣候條件，不但擁有古老的蕨類，還有許多熱帶、溫帶、甚至寒帶的蕨類與特有種，因而有「蕨類王國」稱號。到目前為止，臺灣的蕨類植物多達600餘種，特有種約佔60種，稀有蕨類更高達228種；單位面積的蕨類種數密度高居世界之冠，使得臺灣成為研究和欣賞蕨類的天堂。臺灣常見蕨類包括在園藝中經常使用的腎蕨，以及羊齒、筆筒樹、臺灣桫欏、鐵線蕨、鹿角蕨，做為美食佳餚的山蘇、過溝菜蕨；乃至於藥用的瓶爾小草、海金沙等等不勝其數。

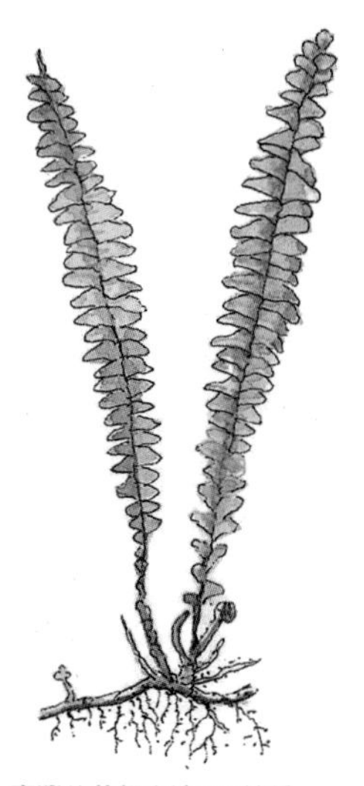

臺灣的蕨類多達600餘種。

臺灣桫欏。

山蘇是臺灣常見的蕨類，也是餐桌上的美食佳餚。

蕨類大都生長在潮溼環境，因此被視為潮溼環境的指標。

楊秋霖/攝

森林中常見附著在樹幹或岩壁上的鳥巢狀植物是什麼？

山蘇花為蕨類鐵角蕨科，屬於臺灣原生種，廣泛分布於中、低海拔的原始林中。山蘇花主要附生於樹幹與岩壁，整齊交疊排成一圈，葉片同時往外翻，宛如一朵盛開的綠色花朵，遠遠看去也像是築在樹幹上的鳥巢，因此又被稱為鳥巢羊齒或鳥巢蕨。因為葉片寬而長，而且帶有波浪狀，隨風擺盪時，有如老鷹展翅飛翔，民間也有人稱做喇翅葉。山蘇花嫩葉是臺灣知名的野菜，莖、葉具有消熱解毒、消腫的功能。臺灣的山蘇花共有3種：臺灣山蘇、南洋山蘇與山蘇。

苔蘚植物有哪些特性呢？

苔蘚植物多生長於陰暗潮溼的環境，是陸生生態系中的小型植物。苔蘚類植物能分泌酸性物質溶解岩石表面，也能積聚空氣中的物質與水分，使岩石表面逐漸形成土壤，且因具有特強的吸水力，有助於水土保持。苔蘚類植物的葉為單細胞結構，容易吸入空氣中的污染物，因此可以做為空氣污染的指標植物。此外，泥炭蘚可以做為肥料與增加沙土的吸水力，曬乾後可作為燃料；大金髮蘚則可以入藥。

苔蘚植物多生長於陰暗潮溼的環境中。

附生於樹幹和岩壁上的山蘇花，遠看宛如如一朵盛開的花或鳥巢。

什麼是「地衣」？

地衣是地球上最古老、生長也最緩慢的植物之一，型態十分多樣，有葉狀、灌木狀以及最常見覆蓋在岩石表面的殼狀地衣。地衣是由真菌與藻類所形成植物般的共生體，藻類生活在菌絲間，進行光合作用，製造真菌所需的食物。據估計，全球地衣的種類約有一萬八千種。屬原始型低等植物的地衣，在植物生態系中佔有重要位置；因為在植物的演替過程中，地衣屬於先驅植物，地衣的菌絲可以穿透岩石，

地衣與苔蘚。

歷經多次膨脹及收縮作用後，導致岩石風化崩解成碎屑，與地衣化成土壤，使其他植物可以生長。地衣也能在最艱困的環境下生長，在其他植物都無法生存的極端氣候中，如南非那米比沙漠邊緣的貧瘠山坡，幾乎是寸草不生，卻發現有29種地衣在此生長。地衣也具有許多實用價值，可以提煉出各種抗生素、澱粉、蔗糖、酒精等；還可做為衣物染料、中藥材等等。此外，由於地衣對空氣污染十分敏感，因此可做為空氣污染的指標。

什麼是纏勒現象？

纏勒現象是熱帶植物的特徵，大多發生在榕科植物。榕樹利用甜美多汁的果實吸引鳥類食用，讓種子隨著鳥類的糞便到異地繁衍；若種子剛好落到其他樹種的樹幹上，便在樹幹上發芽、生長，向下長出氣生根、往上長出莖與葉。隨著榕樹的成長，氣生根會將寄宿的樹幹慢慢包裹、纏勒，導致原先的樹幹組織被破壞；而往上生長的枝葉日益茂盛，蓋住原來植物的樹冠，使得原生植物無法行光合作用，最後，被榕樹寄宿的樹死亡，榕樹奪得立足之地。整個纏勒過程，可能長達數十年、數百年，直到原來的樹死亡才停止。臺灣最有名的纏勒植物是雀榕，島榕也有纏勒現象。

島榕纏勒茄冬的近照。

島榕（中間）將茄苳（左側）緊緊纏勒住。 楊秋霖/攝

植物的種子有哪幾種傳播方式？

植物為了繁衍後代，會以各種方法來傳播種子，傳播的方式有許多種，最常見的有風、水、動物及自身彈力為主要媒介。如松科、槭樹科的種子比較輕，通常是隨著風吹或水流來傳播；比較重的如堅果類的種子，或是長有鉤刺的種子，可以藉由動物覓食後糞便排出，或沾附在動物皮毛上四處傳播；有些則靠天賦本領，像是鳳仙花果實本身就具有彈弓般的構造，可以將成熟的種子彈送出去。

月桃的蒴果

橡實

冷杉毬果　楊秋霖/攝

松毬果

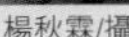

青楓翅果　楊秋霖/攝

狹葉櫟堅果　楊秋霖/攝

華山松毬果　楊秋霖/攝

森林生物

真菌

鮮豔的菇類一定有毒嗎？

一般人常誤以為顏色越鮮豔的菇類就越毒，但事實是，毒菇不一定鮮豔，而鮮豔的菇類也不一定有毒。許多毒菇外型、顏色平淡無奇，與可食用的菇類十分接近，連專業的研究人員也必須藉助精密的科學儀器才能判別。若誤食有毒蕈菇，輕則嘔吐、腹瀉、產生幻覺，造成身體損傷，重則致死，因此千萬不要隨意摘食野生來路不明的菇類。

毒菇的顏色不一定鮮豔，鮮豔的菇類也不一定都有毒。

外型、色澤亮眼的黃裙竹蓀，屬於中大型可食用菇蕈。 何東輯/攝

「牛樟芝」生長在哪裡？

牛樟芝，簡稱樟芝，為多孔菌的一種，貼生於臺灣特有的牛樟樹樹幹中空的內面，性喜潮溼陰暗。屬多年生，產生有性孢子的多孔狀子實層面，典型者為橘色或橘黃色。子實體初為扁平形，隨著時間的增長加厚，且其邊緣捲曲而脫離樹幹，捲曲之背子實層面呈黑褐色。牛樟芝屬臺灣特有真菌，且為獨特珍貴的中藥材。在民間的經驗中，牛樟芝可以解毒、抗癌、解酒、消炎等功能，近年各學術研究單位已投入研究開發。

珍貴的牛樟樹，推估已有五百歲。

臺灣森林中最大型的真菌是什麼？

臺灣森林中大型野生真菌大多為擔子菌，如蕈類的草菇、洋菇、香菇、木耳，或子囊菌如酵母菌、羊肚菌。擔子菌能夠產生有性孢子——擔孢子，組成的菌體的菌絲有明顯的「隔」，部分是可食真菌，但有部分含劇毒。子囊菌則是真菌中最大的一群，除酵母菌外多數為腐生；在行有性生殖時時，有子囊形成，因而得名，是生態系中重要的分解者。

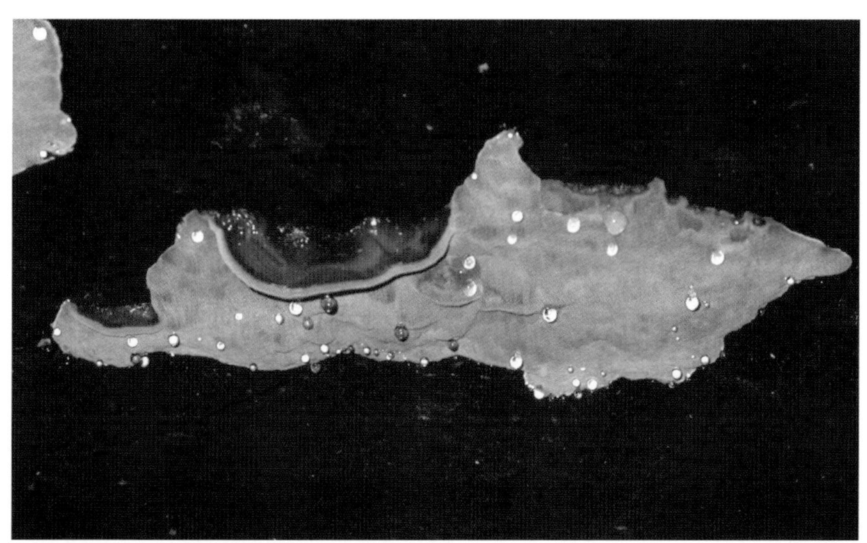

牛樟芝貼生於牛樟樹樹幹中空的內面，多呈橘色或橘黃色。 黃秀雯/攝

羊肚菌

真菌在森林中扮演什麼角色？

真菌無法自行製造養分，必須以腐生、寄生或共生的方式，取得所需的營養。例如，參與生物遺骸或有機物質的分解，加速大自然物質的循環利用，如木材腐朽菌、糞生菌；寄生、共生於其他樹木而造成病害，如靈芝寄生於樹木上；或藉由與其他類生物間形成共生關係，對彼此皆有利，如長在樹木根部的松露。因此，真菌在森林中扮演分解者角色，可說是地球的清道夫。

真菌喜歡出現在哪些樹木？

不同的林地會培育出不同型態的真菌。山毛櫸和樺樹的酸性泥煤土壤以及砂質的松樹林地中多半為菌根真菌，如牛肝菌、口蘑以及紅菇；梣樹為主的鹼性土壤大多是非菌根真菌的天下，如環柄菇；而松露則喜與殼斗科中的櫟樹或橡樹共生；靈芝常見於相思樹的腐幹基部；牛樟芝則生長在牛樟樹樹幹中空的內面。

不同的林地與土質，會培育出不同型態的真菌。

真菌藉由與其他類生物間形成共生關係。

真菌無法自行製造養分，必須以腐生等方式，取得所需的營養。

楊秋霖/攝

你不知道的森林生態。

1 森林的形成與演替
2 森林疫病蟲害
3 森林火災
4 森林的消失與再生

森林生態

森林的形成與演替

森林的演替有幾種形式？

演替是植物植群動態特徵之一，且具有方向性的生物社會發育現象。森林的演替可分為初級演替和次級演替。意指在一特定區域內，隨著時間的推移，一植物社會被另一植物社會所取代的一系列過程，最終達到動態的穩定平衡。初級演替是由一處未受過任何生物佔據的地方開始，例如崩塌地、沖積平原、或是新生地；由先驅植物先侵入，經過一段時間後又被其他植群替代，經過一連串的演替，達到生物群落與環境相互適應的平衡狀態。次級演替發生於原生群落遭受到自然或人為的破壞，如砍伐、火燒、放牧、病蟲害或其他自然災害的作用下，使得群落退化到荒地狀態，重新開始一連串的演替過程。

經過一系列演替，最終達到成熟的天然林。 楊秋霖/攝

乾性、溼性與中性演替

初級演替的先決條件，是必須先有一塊從來沒有植物生長的新生地，而依這塊新生地的含水量，又可分為三種不同的演替。如果新生地是肇因於湖泊的淤積或洪水平原的浮現，在初始時，土壤含水量常呈現飽和狀態；在湖水和河水完全消失前，即有水生植物出現而開始演替的過程，這種由水面開始的演替，稱為溼性演替。

如果新生地是由於地殼的變動所形成，例如岩石之露頭、岩屑的堆積、沙粒的堆積及岩漿的凝固等，因為這類的基質所含可用的水分極低，在這種乾燥的岩石物質上產生的演替，稱為乾性演替。若在土壤水分適中且通氣良好之地，例如迅速形成的沖積平原及三角洲，或冰河撤退的新生地，在這種基質上產生的演替，稱為中性演替。

無論在演替初期為乾性或溼性演替，一旦開始演替後，土壤的含水量便會日趨適中。也就是說，溼性演替的結果，地表水分將慢慢消失，產生含水量及排水良好的土壤；而乾性演替的結果，將使得乾燥的岩石礦物風化成為土壤，土壤發育後，可以保持比較大的含水力，使得土壤適於植物生活。

演替是由完全沒有生物的裸地開始，由先驅植物侵入，經過一段時間後又被其他植群替代，經過一連串的演化，達到生物群落與環境相互適應的極盛相狀態。

何謂先驅植物？

在一片完全沒有植物的地區，例如崩塌地、被大火焚毀的林地、自然災害造成的荒漠，或人為過度開墾後形成的空地上，由地衣、苔蘚、禾科草本植物或喜好陽光的陽性樹種，先行侵入，成為先驅性的植物群落，因此被稱做「先驅植物」。這個階段稱做生態演替的「先鋒期」，等到先驅植物將惡劣的環境改善後，慢慢進入較高等木本植物移入的「過渡期」，其後當植群種子可以在濃蔭的林地下萌芽生長，就表示達到「極盛相期」。

玉山箭竹強韌且深埋的地下莖脈，能在大火後的貧瘠土壤迅速生長，是臺灣高山地區重要的先驅植物。

臺灣有哪些常見的原生先驅植物？

臺灣常見的原生先驅植物，包括大部分的禾本科的草本植物、地衣、苔蘚，以及臺灣二葉松、臺灣五葉松、臺灣赤楊、山黃麻、野桐、血桐、白匏子、白桕、玉山箭竹等。

什麼是次生林？

非經人工種植、自然成形的森林稱做天然林，而天然林又可區分為原始林與次生林。當原始林因天然災害產生坍塌、森林大火或人為濫墾盜伐等，導致森林受到破壞或全毀後，又再度重新演替，由先驅植物進駐，緊接著灌木、喬木接續進入，直到再度形成森林。此時的森林因為是原始林遭受破壞後再長出來，因此被稱做次生林。臺灣中低海拔的山林，因為受到太多人為干擾，多半屬於次生林。

禾本科草本植物，可在惡劣環境下生存並改善土壤，讓其他植物得以生存，在演替過程中扮演重要角色。

臺灣二葉松為乾燥地區的先驅樹種。
楊秋霖/攝

湖泊是如何形成的？

形成湖泊的原因很多，依照其形成的原因大略可為八種：

1.火口湖：因為火山口崩陷積水形成，如面天湖、夢幻湖。

2.構造湖：因為地殼運動產生斷裂或摺曲，產生窪地積水而成，如日月潭。

3.堰塞湖：因為山崩或土質滑動，堆積在山谷阻絕溪流，積水形成的湖泊，臺灣多數湖泊都屬於此類湖泊。

4.陷落湖：由於岩層下方溶蝕成洞穴，塌陷成窪地積水成湖。

5.冰蝕湖：因冰河長時間侵蝕地表形成窪地積水而成。

6.牛軛湖：因曲流截斷、河流改走新道，舊河道積水形狀如牛軛而得名。

7.海跡湖：在淤砂嚴重的海岸淺海窪地，或沙洲圍成的瀉湖，後因為陸地上升，淺海窪地伸出海面形成湖泊。

8.終點湖：乾燥地區地質的風蝕凹地，遇到地下湧泉蓄水成湖。

翠池是臺灣最高的天然湖泊，也是臺灣極為罕見的冰蝕湖。

位於宜蘭太平山的翠峰湖，為臺灣最大的高山湖泊，形成原因至今不明。

有北橫之珠之稱的明池為崩積的沖積扇阻擋而成的堰塞湖。

什麼是「溼地」

溼地是陸地與水域的過渡地帶，經常或週期性的被水所淹沒，或是終年潮溼、呈現泥濘狀態。廣義的溼地則泛指河口、潮汐灘地、埤塘、湖泊、水塘、潟湖等。依照分布的植群，溼地可以分為草澤與林澤，草澤顧名思義是以草本植物為主的溼地，如鹽生草澤；林澤則以木本植物佔多數，如紅樹林。北臺灣關渡沼澤最初為鹹草與蘆葦為主的草澤，後來遭水筆仔入侵，逐漸演替成為林澤。

溼地有什麼功能？

1.滋養魚貝類：海岸溼地是許多魚、蝦、蟹、貝產卵、孵育、生長的的場域，溼地內的枯枝落葉與微生物，提供豐富的食物來源，豐富了食物鏈，也增加漁產。

2.庇護生物：溼地多樣化的環境，可提供不同鳥類生存；也是水鳥遷徙、補給、渡冬或繁殖的重要棲地。溼地中豐富的魚、蝦、蟹、貝，則剛好成為鳥類豐盛的食物來源。

溼地多樣化的環境，可提供不同鳥類生存、孵育下一代。（圖為小燕鷗）

3.提供天然產物：溼地中蘊藏豐富的魚、蝦、蟹、貝、材薪、藥材等資源，可幫助、成為當地居民重要的的生計來源之一。

4.防風與護岸：溼地植群可以抑止潮汐直接侵蝕海岸、根部則可緊抓泥土以保固土地，達到保護海岸、河岸與塭岸的目的；也能阻擋強風與鹽霧，以保護沿岸居民財產安全。

5.蓄水與淨水：溼地有如一塊天然的海綿，具有良好的蓄水容量，下雨時可吸收過多的水分，水量少時，則可慢慢釋放蘊含的水分，補充地下水，減緩地層下陷；還可保存水中的養分，沈積、過濾部分污染物，淨化水質。

6.教育與遊憩：溼地生物多樣性，不僅是重要的生物基因庫，也是自然研究、環境教育的最佳場域；更可以作為民眾假日休閒、賞鳥、親水的生態旅遊地。

溼地是重要的生物基因庫。（圖為南澳神祕湖）

楊秋霖/攝

溼地多樣化的環境與豐沛的漁產，是鳥兒們最理想的生態棲地。

枯立倒木對森林生態有什麼影響？

在森林中，許多野生動物仰賴森林中的樹洞，作為睡覺、休息、求偶、孵育的庇護所，如啄木鳥、貓頭鷹、蝙蝠、飛鼠等，這些野生動物賴以維生的樹洞有些是活樹、有些則是枯立木。根據研究調查，全世界森林中的枯立木被鳥類二次利用作為棲息巢穴的機率高達50%，許多猛禽喜歡站在枯立木上展望捕食，蝙蝠喜歡棲息在樹皮的內洞中，因此，枯立木對於環境結構多樣化，與生態系的生物多樣性有著重要貢獻。此外，枯立倒木還有許多功能：仍保有相當溼度的枯立倒木，可以供給種子著床；倒木堆上的真菌與固氮菌可固定部分養分，促進植物養分吸收，真菌傳播的孢子有助於森林更新；倒木可以防止土壤流失等。在森林的生態中，枯立倒木扮演一個養分循環者的角色，適度的保留枯立倒木，有助於森林生態系統的穩定。一般而言，枯立倒木數量比率通常應維持在5~15%。

為什麼森林不用施肥？

森林是大地之母，而土壤則是孕育森林最重要的元素。營養豐富的土壤，是經由分解者分解而來的有機物，與位於森林土壤層最下方、由岩盤或火山灰風化而成的土壤相互混合而成，也是維繫森林食物鏈運作的泉源。在森林的土壤裡，有許多小生物，如蚯蚓、馬陸、螞蟻等，或是小到看不見的菌類等微生物，這些生物正是形成森林豐富土壤最重要的分解者。透過這些分解者，可以迅速將森林中林木產生的大量枯枝落葉與動物遺體、排泄物等快速分解，成為土壤養分以滋養林木，創造出健康的森林生態系。因此，這些分解者，可視為自然肥料的製造者，有了牠們，就能提供森林的土壤源源不絕的養分。

森林土壤中的小生物與微生物是形成森林豐富土壤最重要的分解者。
楊秋霖/攝

枯立倒木是森林中重要的養分循環者。

土壤是創造健康的森林生態系最重的元素。

楊秋霖/攝

森林生態

森林疫病蟲害

臺灣常見的樹木疫病蟲害有哪些？

在森林生態系中，昆蟲是林地演替的天然力量，但也可能因此造成植物的危害。在臺灣，最常見的樹木疫病蟲害首推褐根病，佔全臺樹木疫病蟲害數量一半以上；此外，常見的樹木疫病蟲害還有靈芝根基腐、松材線蟲萎凋病、木材腐朽菌引起腐朽問題，以及白紋羽病、炭疽病、葉震病、潰瘍病、藻斑病、葉枯病、灰黴病等等。

臺灣的松樹為何會枯死？

松綠葉蜂、松毛蟲、松象鼻蟲、松天牛類等都是造成松樹枯死的兇手之一，其中又以松天牛類中，由松斑天牛媒介的松材線蟲對松樹危害最大，一旦遭到感染，很容易造成松樹的大量死亡。

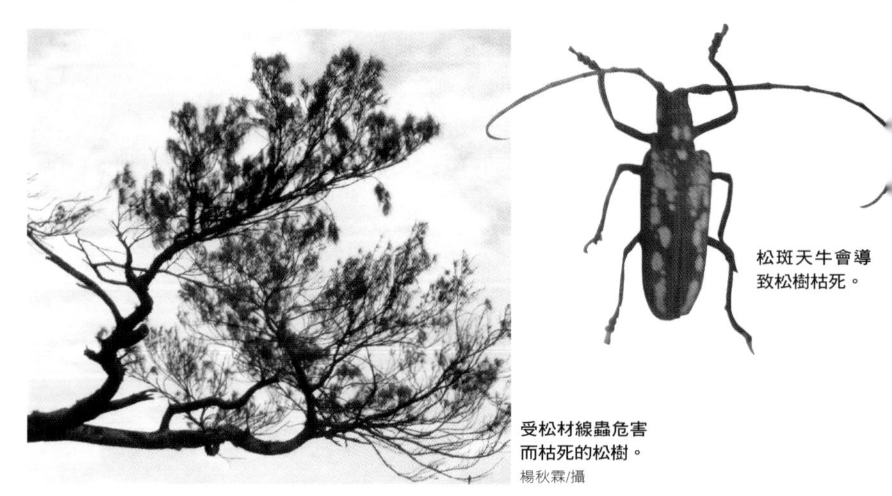

松斑天牛會導致松樹枯死。

受松材線蟲危害而枯死的松樹。
楊秋霖/攝

在森林生態系中，昆蟲是林地演替的天然力量，但也可能造成樹木的危害。（圖為正在醫治中的樹）

樹木遭受疫病蟲害，嚴重時會導致整棵樹乾枯死亡。

楊秋霖/攝

哪些生物可能對樟樹造成危害？

可能對樟樹造成危害的昆蟲多達五十餘種，包括：臺灣大蟋蟀、油桐大椿象、黃斑椿象、樟木蝨、紫膠介殼蟲、樟白介殼蟲、臺灣白蟻、茶捲葉蛾、樟青尺蠖蛾、樟紅天牛、臺灣一字金花蟲、樟根象鼻蟲、黑尾小蠹蟲、樟葉蜂、樟蝙蝠蛾、臺灣長尾水青蛾、皇蛾、雙黑目天蠶蛾、斑鳳蝶、白腳小避債蛾、樟細蛾等等。

如何防治樟樹的介殼蟲危害？

以44%大滅松乳劑稀釋1000倍，加上稀釋150倍的95%礦物油混和後，噴灑於植物全株。為避免產生抗藥性，每隔十天施作一次，於好發季節，4~6及9~10月期間施作4次，就能產生防治效果。

森林中的樟樹為何較少介殼蟲危害？

森林中的樟樹林若發展健全，生長環境會呈現較為鬱閉狀態，加上樟樹本身富含樟腦精油及溼氣，對昆蟲有驅避的功效，若林中擁有豐富的其他蛉、螢類昆蟲或寄生性小蜂，食物鏈增長，也會抑制介殼蟲的數量，使得森林中的樟樹，較少受到介殼蟲的危害。反觀行道樹的樟樹因為位處空氣較為混濁的環境，干擾又大，不利於捕食昆蟲之生息，而介殼蟲頑強，反倒可以適應人為改變的環境。

介殼蟲是許多樹木的殺手。

樟樹。

樟樹。

楊秋霖/攝

什麼是褐根病？

樹木褐根病（Brown Root Rot Disease）是一種由真菌引起的植物疾病，好發於亞洲熱帶及亞熱帶中低海拔地區。真菌侵入後會破壞樹木運送水分與養分的輸導組織，使得樹木根部迅速腐敗，造成樹木枯萎；並透過病根，與健康根接觸傳染，因此褐根病被稱作樹木中的癌症。在臺灣，褐根病已成為木本植物主要根部病害之一，好發於海拔800公尺以下之山坡地及平原，入侵的林木範圍廣闊，從果樹、觀賞花木、公園行道樹到海岸防風林等都有，其中經常受到危害的是榕樹。褐根病防治法有：一、掘溝阻斷法，在健康株與病樹間掘溝深約1公尺，並以強力塑膠布阻隔後回填土壤，以阻止傳染；二、將受害植株之主根掘起燒毀，殘存土壤之細根可施用尿素，並最好覆蓋塑膠布2星期以上，尿素用量約每公頃700-1000公斤，如土壤為酸性，可配合施用石灰調整。或者使用薰蒸劑麥隆每公頃300-600公斤拌入土中加水後覆蓋塑膠布2星期薰蒸；三、如無法將主根掘起，可進行一個月之浸水，以殺死殘根之病源菌。

什麼是木材腐朽菌？木材腐朽菌會對森林造成什麼影響？

森林中的倒木與落枝，必須仰賴菌類進行腐朽與分解，使之回歸於大地，這些菌類就是木材腐朽菌，在森林循環中扮演重要角色。但有部分的腐朽菌會腐蝕仍活著的樹幹與樹根，對樹木造成嚴重的危害。腐朽菌入侵樹木的方式以傷口感染為主，樹木傷口的來源可分為非生物性，如溫度、溼度的變化，或森林火災、閃電等；生物性的多半是昆蟲、野生動物或人類所造成。由於非生物性原因難以掌握，要避免樹木遭受木材腐朽菌侵蝕，僅能從盡量避免造成傷口著手，才能保持樹木健康。根據危害樹木的部位，木材腐朽菌可分為根腐菌與莖腐菌；根腐菌又可分為主要棲息於根部、和主要棲息於根與莖基部兩種。由根腐菌引起的樹木病害通稱為根基腐病，主要以腐生樹木木材組織為主，當寄主樹衰弱時，也會危害樹皮組織，導致樹木萎凋。慢性萎凋的根基腐病不易察覺，通常從感染到樹木死亡需要數年到數十年時間；臺灣最常見的樹木慢性萎凋為靈芝類根腐菌。

木材腐朽菌可以加速枯倒木的腐朽與分解，，使之養分回歸大地，但若在活體樹上，就會造成嚴重的危害。

褐根病會使得樹木根部迅速腐敗，造成樹木枯死。

楊秋霖/攝

美麗的刺桐為什麼枯萎了？

刺桐主要分布在熱帶亞洲、非洲及太平洋洲諸島的珊瑚礁海岸，或靠海岸之內陸；刺桐植株強健，少病害的特性，因而成為平地行道樹的熱門樹種。2003年新加坡首度傳出刺桐飽受某種癭蜂危害；2004年臺灣陸續在臺東、臺南、高雄也發現同樣的疫情，最後證實造成刺桐枯萎的昆蟲為刺桐釉小蜂(*Quadrastichus erythrinae Kim*)。刺桐釉小蜂體型微小，肉眼觀察不易，取食的專一性很高，只侵襲刺桐屬的樹木；蔓延的速度非常迅速，目前全省包含離島的刺桐樹上，幾乎都可以找到這種昆蟲的蹤跡。遭受刺桐釉小蜂危害的刺桐，受害的組織會產生被覆狀蟲癭（covering gall），每個蟲癭約0.2-1.5公分，通常多數聚集，群落數目從數十到幾百不等，病徵主要出現在新生枝條、葉柄、葉脈，甚至葉肉上。刺桐遭感染後，多數會產生落葉現象，癭組織以及葉片掉落後，新生組織仍會不斷被感染。感染嚴重的植株，易被其他昆蟲或真菌二次入侵。目前臺灣罹害最嚴重的包括刺桐及黃脈刺桐等，受害較輕微的包括珊瑚刺桐、雞冠刺桐、毛刺桐、馬提羅亞刺桐等。

刺桐。

臺東蘇鐵面臨怎樣的危機？

臺灣特有的臺東蘇鐵是在侏儸紀之前就存在的活化石，目前大約只剩10萬株左右，屬臺灣特有珍貴植物。目前臺東蘇鐵面臨最大的危機是來自泰國、緬甸的蘇鐵白輪盾介殼蟲的入侵，造成臺東蘇鐵死亡或生長受阻。大量的介殼蟲會躲藏在葉片基部、葉軸，被感染的植物表面彷彿鋪上一層白色的殼狀物，極為醒目。白輪盾介殼蟲吸食植物汁液，導致葉片黃化枯萎、脫落，根瘤被蝕空等情形，情況嚴重時造成全株枯死。

臺灣特有的臺東蘇鐵是在侏儸紀之前就存在的活化石，十分珍貴。（圖為臺東蘇鐵雄花）
楊秋霖/攝

近年臺東蘇鐵遭遇來自泰國、緬甸的蘇鐵白輪盾介殼蟲的入侵，造成死亡或生長受阻。

常見的筆筒樹疾病有哪些？

曾被列為華盛頓公約組織第二類保育植物的臺灣古老植物筆筒樹，幾乎沒有病害發生。但從2010年起，陸續發現筆筒樹大量死亡，在調查中篩檢出病源可能來自七種真菌以及兩種細菌。經反覆接種試驗，其中一種子囊菌(Cryptodiporthe sp.)枯萎死亡率達83%；被判定為最可能的致病源。

筆筒樹幼芽

被列為華盛頓公約組織第二類保育植物的筆筒樹近年來遭到真菌的侵害，出現大量死亡現象。 楊秋霖/攝

筆筒樹與臺灣桫欏

筆筒樹
Cyathea lepifera (J. Sm.) Copel.

特徵：屬陽性喬木，葉柄綠色，三回羽狀複葉，老葉脫落後，不形成樹裙。沒有孢膜，游離脈，一叉。以臺灣為分布中心，琉球、南中國、日本、菲律賓低海拔向陽潮溼地區常見。

臺灣桫欏
Cyathea spinulosa Wall. ex Hook.

特徵：耐蔭性喬木，葉柄褐色。三回深裂至三回羽狀複葉，葉片老化枯萎後不脫落，下垂於樹冠之下，使得整棵樹好像穿著裙子一樣，形成「樹裙」景觀。基部羽片較短，羽軸上有刺，是與筆筒樹最好分辨之處。每一條小脈中段上有一枚孢子囊群，孢膜薄、圓，羽軸兩側各一排。分布於尼泊爾、印度、中國大陸、日本、琉球，臺灣全島低海拔地區常見。

森林生態

森林大火

什麼情況容易發生森林大火？

自然環境下的森林大火多半由閃電、雷擊、焚風，或火山爆發而引發；富含松脂的針葉林或玉山箭竹林在乾燥氣候下，因枝葉本身摩擦起火或者枯枝落葉堆積發酵起火也偶而發生。但最常導致森林大火的仍屬人為因素，如房舍、建築物失火延燒；伐木、運輸器械使用不當；燒墾林地；焚燒果樹的套袋；吸煙、狩獵；炊火、焚燒紙錢；甚至蓄意的縱火，都會導致森林大火。

臺灣發生森林大火之主要原因為何？

根據統計，臺灣森林發生火災的原因以人為因素為主，包括：1.因引火燒墾或清除地面所引起；2.在林中吸煙不慎引發；3.炊火、取暖火、照明火引發：4.祭祖焚燒紙錢及香燭引發；5.狩獵引發；6.林場伐木機具，如集材機火花引起，但隨著伐木減少，此項原因已多年不見；7.閃電，但臺灣因地形氣候，在閃電雷擊後常伴隨大雨，因此引發森林大火的機率極低；8.其他不明原因。

清明掃墓祭祖向為國人重視之節日，惟民眾焚燒冥紙時稍有不慎極易釀災。

富含松脂的針葉林或玉山箭竹林在乾燥氣候下，因枝葉摩擦或堆積發酵起火也偶爾發生。

臺灣因特殊的地形氣候，在閃電雷擊後常伴隨大雨，引發森林大火的機率極低。

森林大火對氣候會造成哪些影響？

森林大火對氣候影響，可分為短期與長期。短期多半是大火的濃煙對空氣品質造成影響，並減低太陽光的入射量，減少對地表的加熱。長期影響則是因大火改變了地表植被，在沒有林木遮蔽與阻隔下，太陽輻射會使得地球溫度上升，造成氣候暖化。

森林大火對森林生態會造成什麼影響？

森林經過大火焚燒後，會造成地表裸露，回到演替的最初期狀態，此時除了少數的陽性草本植物、樹木能萌芽生長外，多數植物皆無法生存，必須經過長期的植物演替過程，才能回復極盛期的森林景觀。而森林也是野生動物賴以生存的重要棲地，野火不僅造成野生動物的死亡，也破壞了棲息空間與食物鏈關係。但野火對於森林生態亦有正面的功能，例如，某些植物因為林冠鬱閉、林下種子發芽繁衍不易，如臺灣二葉松；野火一方面可將堆積的落葉清除，亦可將老樹更新取代，對於臺灣二葉松的植群具有正向穩固的作用。還有一些土壤在長期供給林木成長後，養分耗盡，若遇上不易腐爛分解的枯葉堆積，便無法讓養分回歸土壤，而野火後的灰燼恰可促進能量循環，維持養分的供應。

森林大火對土壤生態系會造成什麼影響？

經火焚燒後裸露的地表，會加速土質劣化，也會加強雨水的沖刷、侵蝕力。當下雨時，地表逕流增加且挾帶泥土，不但會降低森林對水土保持與淨化的功能，更會增加土石流發生機會，造成水質劣化。而水質的劣化則會降低水庫的壽命。

森林大火對於森林生態、土壤生態，乃至於氣候都會造成影響。（圖為森林大火後的南橫天池）

森林大火後，森林退至裸地，重新開始漫長的演替過程。

為何松樹與箭竹林容易發生森林大火？

松樹與玉山箭竹都是著名的先驅植物，能抵抗寒害，但兩者的枯葉與落果因不易腐爛，容易形成大面積的堆積，加上松樹本身富含油脂，在乾季時，很容易成為誘火植物，引發森林大火。特別的是，松樹的生存競爭方式之一便是透過森林野火，讓種子有機會發芽；而玉山箭竹因根莖長於地下可以延伸不致全面被焚燬，常能在大火之後迅速抽長新芽，成為森林演替中的先驅植物。

閃電為什麼容易引起森林大火？

閃電是一種自然放電現象，通常都伴隨著雷雨出現。夏季時，高空中經常會聚集許多雲團不斷地運動，相互摩擦，從而產生大量的電荷；正電荷在雲的上端，負電荷則在下方，介於雲與地間的空氣為絕緣體，阻止兩極電荷的流通。當兩極電荷形成的電壓大到可以衝破絕緣的空氣時，就會穿過空氣放電，閃電就發生了。樹木因為體形比較高大，樹幹又是電的導體，若剛好被電閃擊中，就容易引發森林大火。

閃電是引發森林大火的主要原因之一。

臺灣二葉松花。 楊秋霖/攝

富含油脂的松樹，在乾季時，很容易成為誘火植物，引發森林大火。

臺灣二葉松毬果。

玉山箭竹的根莖深埋於地下，在遇火時不致全面被焚燬，常能在大火之後迅速抽長新芽，成為森林演替中的先驅植物。

森林生態

森林的消失與再生

如果沒有森林，地球會是什麼樣子？

森林是地球上最大也最複雜的生態系之一，根據科學家推測，地球上的森林如果完全消失，將會使得陸地上90%的生物消失，超過450萬種生物滅絕，70%的淡水流入海中，造成地球暖化與溫室效應加劇，多數生物既無法生存，人類的前途也受到極大的威脅。

森林面臨哪些自然災害？

1.因地殼構造產生變動，引發土石崩塌、位移、或海嘯等致使森林消失或消滅；
2.不正常氣候，如風災、豪雨、雪害等；
3.火山爆發、雷電引發或自燃的森林大火；
4.森林內病菌、昆蟲產生的疫病蟲害。

自燃性的森林大火常造成森林嚴重的損失。

1990～2010世界森林面積消長

由聯合國糧食及農業組織出版的《世界森林現況》*State of the World's Forests*，針對1990~2010年間世界森林面積提出消長報告。由統計數據中可看出，歐洲與北美（含：加拿大、美國、墨西哥；不含：阿拉斯加）於二十年來森林面積呈現正成長；亞洲與太平洋區域、近東(中亞、北非、西亞)在1990~2000年呈負成長，2000~2010年則有小幅正成長；森林總面積佔全世界41%的非洲與拉丁美洲森林面積則呈現持續衰退現象，使得世界森林面積在近二十年間仍不斷消失中。不斷消失的森林將迫使人類面對日益艱困的氣候環境與生存挑戰。

	面積（千公頃）			年度變化（千公頃）		年度變化率（%）	
	1990	2000	2010	1990~2000	2000~2010	1990~2000	2000~2010
非 洲	749,238	7708,564	674,419	-4,067	-3,414	-0.56	-0.49
亞洲與太平洋區域	733,364	726,339	740,383	-703	1,404	-0.10	0.07
歐洲	989,471	998,239	1,005,001	877	676	0.09	0.07
拉丁美洲與加勒比海	978,072	932,735	890,782	-4,534	-4,195	-0.47	-0.46
近 東	126,612	121,431	122,327	-518	90	-0.42	0.07
北 美	676,760	677,080	678,958	32	188	n.s.	0.03
世 界	4,168,399	4,085,063	4,032,905	-8,334	-5,216	-0.20	-0.13

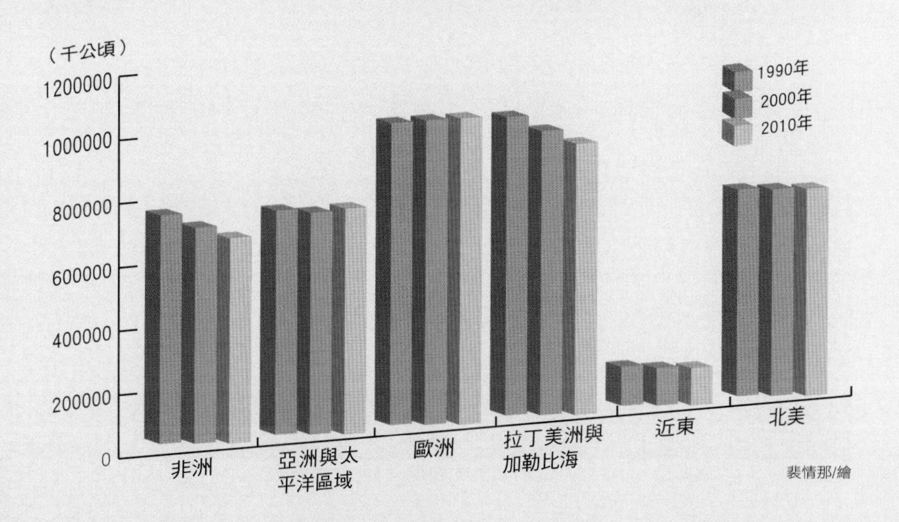

裴情那/繪

全球森林面臨什麼人為威脅？

全球森林面臨的人為威脅包括：

1.因為人口增加，開墾林地，使得林地消失，轉為農牧用地或建地；

2.盜伐林木，破壞森林與野生動物棲地，或影響林木的復育；

3.因為人類活動不慎引發或惡意造成的森林火災；

4.過度工業化導致空氣或水源污染、氣候暖化、土壤酸化，間接對森林造成傷害。

沙漠化與沙塵暴如何產生？

沙漠化與沙塵暴的產生均肇因於森林的消失與過度的放牧。土地沙漠化多出現在熱帶至溫帶、氣候乾燥、雨量較少的地區；當森林過度遭到砍伐，成為耕地、放牧地，或人類居住地後，地力便逐漸消失，植群恢復困難，逐漸退化成原生裸地的荒漠地質，即土地沙漠化。形成沙塵暴的條件有三：大量砂源、冷暖空氣交互作用，與強風。土地沙漠化後形成的大量砂源，在冷暖空氣交互作用下，就很容易產生垂直的上昇運動，若剛好遇上強風，便形成沙塵暴。根據統計，全球森林面積每年以1,700萬公頃的速度消失中，若無法有效復育，而土地又過度使用的話，土地沙漠化與沙塵暴將日趨嚴重。

因森林消失，在大量砂源、冷暖空氣交互作用下輔以強風，就會形成沙塵暴。

土地沙漠化對全球氣候影響深遠。

森林的消失與過度的放牧是導致土地沙漠化的主因。

海岸溼地為何需要保育？

溼地具有淨化水質、調節地下水位、防洪、保全海岸、提供野生動物棲息覓食場所、增加漁貨量、維持生態體系等功能。臺灣四周環海，擁有廣大珍貴的溼地生態景觀，但在土地需求擴張下，不斷被摧毀消失，影響所及不僅在於生態的破壞，自然資源的消失，更嚴重衝擊漁業資源與國土保安。海岸溼地是國土中最敏感脆弱的地帶之一，一旦消逝便無法復原，因此必須劃設保護帶以保護。

臺灣四周環海，擁有廣大珍貴的溼地生態景觀。（圖為高美溼地）廖俊彥/攝

為什麼熱帶雨林那麼重要？

因為熱帶雨林具有多方面的價值：

1.調節氣候：森林可以行光合作用，長年大量且規律的降雨，使得雨林常保持密林的狀態，可以進行大量的氧氣製造；根據研究調查，地球氧氣總量的40%是由亞馬遜河區的熱帶雨林所製造的，因此熱帶雨林又有「地球之肺」之稱。此外，由於人類過度使用石化燃料，釋放過量二氧化碳，產生溫室效應，造成全球溫度上升；雨林植物則可以大量吸收二氧化碳，避免地球溫度過高。

2.調節雨量：年降雨量在3,000公釐以上的熱帶雨林，有如一塊巨大的海綿體，可以將吸收的水分透過輸送系統傳送到葉面，讓水分以蒸氣形式釋放到空中形成雲雨，形成週而復始的水資源循環。若森林消失，循環系統便不復存在，水資源大量流失的結果，將造成更多地區乾旱。

3.生物基因庫：熱帶雨林面積雖僅佔地球陸地面積的6%，卻擁有一半以上的地球生物，具有最多物種生態系，因此被視為世界生物基因庫。

4.蘊藏豐富資源：雨林是地球主要的生物群落之一，蘊藏豐富的資源，從日常生活中食物，如香蕉、咖啡豆、香草植物，到橡膠製品、燃料等的原料都來自雨林。

5.醫學研究：全球有四分之一的藥品原料來自熱帶雨林中的植物，因而有「世界藥房」之稱。

海岸溼地是國土中最敏感脆弱的地帶之一，一旦消逝，便會危及國土保安。（圖為香山溼地夕照）

熱帶雨林不但可以調節雨量、氣候，同時也是世界生物基因庫，蘊藏無限資源。

北極融冰與森林消失有關嗎？

植物經由光合作用，吸收二氧化碳、產生氧氣；若森林遭大量砍伐而消失，將造成大氣中二氧化碳濃度提高，使得太陽輻射熱傳入地球表面後，不容易再反射出去，累積的熱量將使全球平均氣溫上升，造成嚴重的溫室效應。過去一個世紀以來，大氣中的二氧化碳增加了25%，根據聯合國環境計畫估計，到了2030年代，大氣中的二氧化碳含量將增加一倍，地表溫度也將上升3~5.5度；屆時，全球溫度都將受到影響，南北極的冰山可能大量融化，使得海平面上升，居住在海岸線60公里以內的居民生活將受到威脅。

全球森林復育與造林為何很重要？

根據統計，森林覆蓋地球陸地面積的31%、原始森林占整個森林的36%、森林是陸地上80%生物的家；森林是近3億人居住的地方、有16億人依靠森林維生；30%的森林用於生產木材和非木材產品、2004年的林業貿易據估計有3,270億美金等，森林的重要性可見一斑。但根據聯合國糧農組織(FAO)《2010年全球森林資源評估》報告，近年來森林砍伐速度仍高得驚人，在過去十年，每年仍有約1,700萬公頃的森林消失，相當於3.6個臺灣本島的面積。因此保護森林、復育森林是刻不容緩。造林則是復育森林的方式之一，現代人工造林植基於生態永續經營概念，以複合造林形式，能有效提供林下庇蔭，改善林地微氣候，並提供當地原生植種良好生育環境，並阻止土地的持續退化，回覆森林生態平衡，加速森林植群復育。

造林是復育森林的方法之一。

大氣層的結構

大氣層主要功能在於提供地球萬物所需的氧氣、阻擋來自太陽直接照射的紫外線，與防止夜晚地表溫度過低。大氣層中的壓力與密度，會隨著大氣層的高度遞減，溫度也會因為各氣層的結構不同，呈現垂直變化。

對流層：最接近地表，也是天氣變化區域，所有的雲、雨、雪等，都在此區進行，是氣象學主要研究的氣層。對流層溫度隨著高度遞減，每公里約降低攝氏6.5度。

平流層：氣流穩定而乾燥，幾乎沒有任何氣象活動。平流層下層維持恆溫狀態，約在攝氏-63度。上層溫度開始上升，接近平流層頂時，溫度可達攝氏20度左右。介於平流層與中氣層間，是臭氧濃度最高的區域，臭氧能吸收太陽光中大部分的紫外線，屏蔽地球表面生物，不受紫外線侵害。

中氣層：隨著氧氣與臭氧減少，溫度隨著高度遞減，離地面75公里左右，氣溫大約在攝氏-100度，是大氣層中最冷的地方。

熱氣層：由於空氣分子吸收了來自太陽的紫外線，氣溫再度回升。下層溫度大約維持在攝氏-70度至攝氏80度間，300公里以上，氣溫可高達數千度。

外氣層：離地面400公里以外至高層大氣外限。

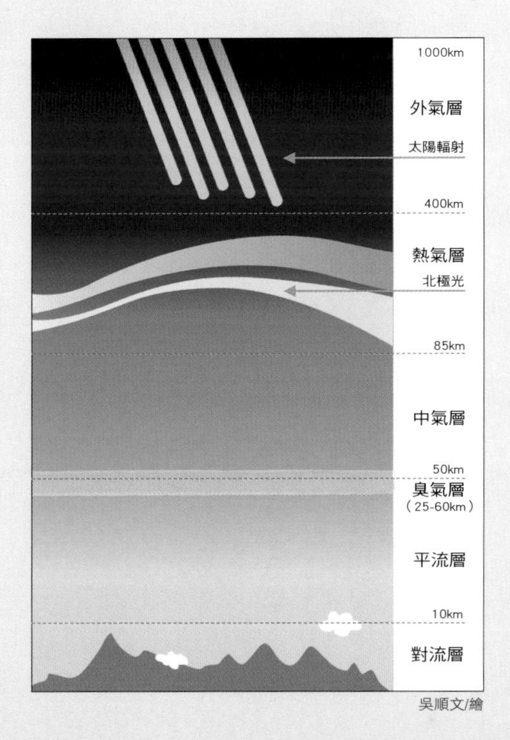

吳順文/繪

你不知道的森林景觀。

1 世界各國的森林景觀
2 臺灣的森林景觀

森林景觀

世界各國的森林景觀

為什麼臺灣的北回歸線上會有森林？

北回歸線經過之處多屬熱帶沙漠氣候，終年為熱帶高壓籠罩，炎熱少雨，蒸發旺盛，氣候極為乾燥，地表多呈沙漠、半沙漠或稀樹草原。例如，在美洲的墨西哥為高原，非洲、中東呈現沙漠，印度則為半沙漠、稀樹草原或季風雨林，完全不利於複層森林的發育。僅有臺灣、中國雲南與緬甸交界處因同時位於季風帶或西南氣流交界處，帶來豐沛雨量，溫暖而潮溼，而得以發展出森林生態系。

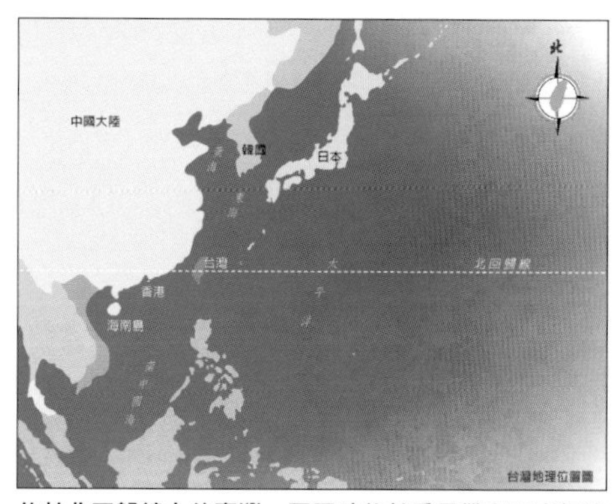

位於北回歸線上的臺灣，因同時位於季風帶與西南氣流交界處，發展出森林生態系。

森林景觀資源包括哪些？

森林景觀資源包括：

1.地形：地形的高低起伏變化，如高山、丘陵、高原等。
2.地質：土地組成的構造，如岩石、化石、溫泉等。
3.動物：棲息於森林中的各種野生動物。
4.植物：生長在森林中的不同植群。
5.氣象：不同氣候帶形成的特殊景觀，如雲海、霧等。

雪山冬日雪景。

邱莉雯/攝，林務局

森林中的植群，因應四季變化呈現不同的森林景觀。

吳志學/攝，林務局

針葉林多數分布在哪裡？

世界針葉林主要分佈於歐亞大陸及北美大陸北部，又稱為北方針葉林，南半球少有針葉林。全世界有50% 木材產自針葉林。臺灣的針葉林則分佈於海拔1,500~3,600公尺的溫帶地區，以2,000公尺以上居多，可分為亞高山針葉林、冷溫帶針葉林與暖溫帶針葉林。

世界上最主要的落葉林分布在哪裡？

落葉林主要分布於溫帶地區，樹種以高大落葉性闊葉林為主，如殼斗科植物、槭樹等。主要分布於：西班牙北部至挪威的北大西洋沿岸、北美洲西北部太平洋沿岸、南美智利南部沿岸以及紐西蘭。

什麼樣的森林擁有最豐富的土壤？

溫帶林。雖然溫帶林的生物種類沒有熱帶雨林來得豐富，但植物的生長與分解活動仍相當旺盛；枯枝落葉分解的量與被樹木吸收的量剛好均衡，可讓養分在土壤中停留較長的時間。而富含養分的土壤在重複堆疊下，可厚達一公尺，便產生了豐富的土壤資源。

落葉林主要分布於溫帶地區。　楊秋霖/攝

世界針葉林主要分布於歐亞大陸及北美大陸北部。

落葉林主要分布於溫帶，以高大落葉性闊葉林為主。

位於亞熱帶的臺灣，因為特殊的地形，仍可見到小片的落葉林景觀。

何謂「稀樹草原」？分布在哪裡？

稀樹草原又稱熱帶草原，主要分布於乾溼對比明顯的熱帶地區，最冷月溫度在攝氏18度以上，年降雨量750~1,500毫米，大致介於赤道南北緯5°至20°緯度範圍，包括：東非、南美巴西高原、澳洲北部與印度半島。稀樹草原以禾草為主要植物，間混耐旱的灌木與喬木。在稀樹草原生態中，以草食性動物為主，由於食物資源豐沛，加上植被特色，形成垂直覓食特性。長頸鹿、大象食用最高層的樹葉，黑犀牛、大羚羊食用較低矮的灌木，小羚羊吃最低層的樹葉，斑馬吃草類頂部，而瞪羚則以嫩草為主食。

熱帶雨林植物有哪些特色？

熱帶雨林全年平均溫差在攝氏10度以內，最冷月在攝氏18度以上，冬季不降霜；全年降雨量在3,000毫米以上，無明顯乾季，相對溼度高，通常高達90%以上，十分適合植物生長。熱帶雨林是地球物種最豐盛的地區，在熱帶雨林中，森林的樹冠層幾乎沒有空隙，大型喬木是熱帶雨林的優勢植物，樹高可達30公尺以上，因競爭激烈，樹木少有分枝，樹皮光滑，多有板根、支柱根與幹生花現象；葉片多聚集在頂部，以爭取足夠的陽光，樹葉多為全緣葉，以利滴水。林中攀緣性藤本由地面纏繞至樹頂，僅在陽光可滲入的地方生長少數灌木叢，樹木多有纏勒現象。由於環境潮溼，植物即使在喬木的樹幹上生長也能獲得足夠的水分，並且更容易爭取到陽光，因此蘭花、蕨類、天南星科植物及氣生鳳梨等耐蔭性或附生性植物，都是熱帶雨林的特色。此外，雨林內的植物為增加生存競爭力，花多大型、顏色豔麗且味道濃郁，許多更透過分泌黏液來誘引動物、昆蟲以協助傳遞花粉，達成繁衍目的。

板根是熱帶雨林樹木最明顯的型態特徵，用以幫助樹木在排水不良的土壤環境中呼吸，並協助樹身避免傾倒。

稀樹草原以禾草為主要植物，間混耐旱的灌木與喬木。

亞馬遜流域是全界上最大的熱帶雨林區。

熱帶雨林的土壤肥沃嗎？

熱帶雨林是地球上生物種類最多的森林之一，許多人認為這樣的森林土壤當然一定很肥沃，但答案卻是否定的。熱帶雨林雖然因為擁有充足的陽光與雨水，使得森林樹木得以不斷茁壯，產生大量落葉枯枝，並迅速的被擔任分解者的微生物所分解，但分解後的養分隨即被樹木吸收，反而沒有多餘的養分可以停留在土壤中，使得熱帶雨林的土壤層反而特別稀薄。也因此，熱帶雨林一旦遭受不當的採伐，就難以恢復。

何謂紅樹林？

紅樹林不是單一樹種的名稱。紅樹林名字的由來，是起源於一種生長在東南亞地區的植物——紅茄苳，因紅茄苳從樹幹、樹皮、枝條到花朵都是紅色的，其中樹皮更可提煉成紅色染料，當地人便稱紅茄苳為紅樹。紅樹林泛指如紅茄苳這類生長在熱帶、亞熱帶地區，海岸、河海交會或沼澤區的耐鹽性常綠灌木或喬木樹林。由於紅樹林受到潮汐作用影響，漲潮時樹木的下半部會被海水淹沒，有如一座海上森林，因而又有「潮汐林」的稱法。

紅樹林主要分布在哪些地區？

紅樹林分布遍及各地，主要分布於赤道南北緯20度的熱帶與亞熱帶間，最遠可達北緯35度及南緯40度；印度洋至太平洋間與美洲大西洋區為最主要分布區。目前全世界已知的紅樹林共有11科60種，臺灣原本有6種，目前僅存4種。臺灣淡水河口的紅樹林是世界紅樹林分布接近北界的地方，且為水筆仔純林，面積廣大，十分珍貴。

紅樹林受潮汐作用影響，漲潮時有如一座海上森林。

王永泰/攝

熱帶雨林的土壤在分解後旋即被樹木吸收，反而沒有多餘的養分停留在土壤中，因此熱帶雨林的土壤層特別稀薄。

紅樹林分布廣泛（紅色地區），主要於赤道南北緯20度的熱帶與亞熱帶間，最遠可達北緯35度及南緯40度。

紅樹林植物有哪些特徵？

為了適應高鹽分的生長環境，紅樹林發展出極為特殊的型態與構造。在型態上，最特殊當屬紅樹林演化出全世界獨一無二的胎生現象。所謂胎生，是指果實在未脫落前，種子已經在母體上萌芽生長成幼苗，如水筆仔胎生苗可達20公分長。當幼苗脫離母體時，會直接落入軟泥中，或隨者潮汐、海流漂流到適當的環境著床。此外，為適應泥灘地與潮汐水流的沖擊，紅樹林的根系也演化出板根、呼吸根、膝根等構造，以穩固紅樹林生長。在構造上，紅樹林植物葉片多成革質，表面具厚角皮層、氣孔少、葉面光滑或密生茸毛，以減緩水分蒸發。在生理上，紅樹林則以增加細胞化學元素、單寧的組成，或具備鹽腺構造等排鹽機制，使之能在淡鹹水交會處生存。

水筆仔胎生苗與葉。

何謂「都市林」？

都市林泛指都市行政區劃分範圍內的市郊森林、市區公園、綠地、行道樹等。也就是說，大凡在都市範圍內與市民生活相關的所有樹木及相關植物的所在地，都是都市林的範圍。都市林是都市生態系統的初級生產者，透過都市林的經營，對於改善都市生態環境品質、維護都市生態系統穩定、促進都市永續發展中，有著難以取代的功能。都市林的價值包括：精神與美學的價值、凝聚社區居民情感的社會價值、歷史與文化價值、環境與生態的價值。

集集綠色隧道屬於都市林的一種。

海茄苳擁有伸出水面的直立呼吸根

欖李的膝根

紅海欖的氣生根與支持根

水筆仔具有板狀支持根

霧和雲有什麼不同呢？

世界氣象組織對雲霧的定義是：當空氣中有很多小顆粒、小水滴，使得能見度低於1,000公尺時，就是有雲霧的狀態。雲的形成主要是因為陽光的照射，使得原本環繞在我們周遭的空氣受熱膨脹而往高處升，在上升的過程中，因為高空中空氣稀薄、氣溫低，使得上升的熱空氣慢慢冷卻。這時，空氣中的水蒸氣，便逐漸凝結成細小的水滴或冰晶，當小水滴或冰晶相遇時 ，再凝結成更大的水滴與冰晶，逐漸擴大就成了我們能看見的雲。霧則是潮溼的空氣遇到冷的地面或水面，快速冷卻所形成。霧和雲在本質上並沒有太大的分別，都是由許多小水滴與小冰晶組成，只是所在高度不同而已，雲是飄浮在高空中的小水滴，不觸及地面；靠近地面形成的，則稱作霧。

雲的種類

層雲：高度在2,000公尺以下，底部均勻如霧，在陽光照射下輪廓清晰可辨。常見於冬季山區，出現時常下毛毛雨。

層積雲：高度在1,000公尺以下，外型較為柔和，結構成塊狀、片狀或層狀。若連成一片，則有波浪型態，高山常見的雲海大都為層積雲。

雨層雲：高度約在1,000公尺，是典型的壞天氣雲，雲層厚而廣，呈黯黑色；雨層雲通常會造成降雨，但不至於出現打雷閃電。

高積雲：高度約在2,000~6,000公尺，呈灰白色、片狀或滾筒狀，通常排列有序，體積比卷積雲大，可於地面產生陰影。天氣溫暖的上午若出現高積雲，當天傍晚可能會下雨。

最早將雲分類的是英國何華特爵士(Duke Howard)，他在1803年創議，經過法國雷諾(Renou)和瑞典海特勃蘭遜(Hidebrandsson)修訂而成。

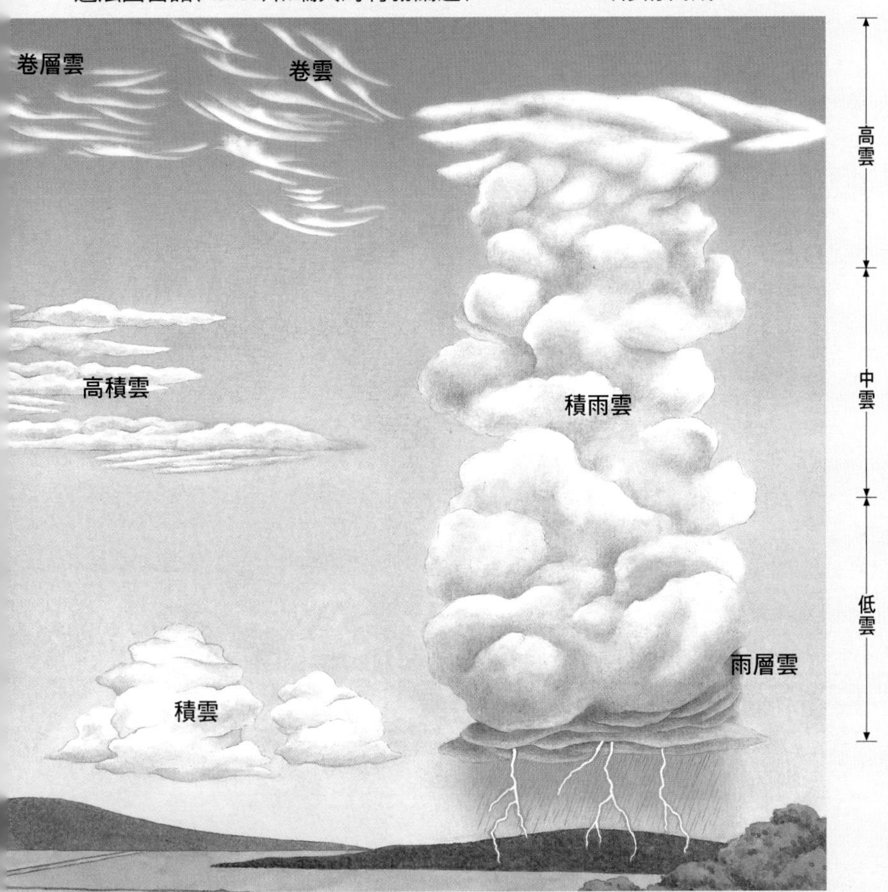

高層雲：高度約在2,000~6,000公尺間，呈層狀，灰藍色，厚薄不定，厚者可遮蔽日光，薄者透光性如同毛玻璃。高層雲出現時表示有降雨機會，一旦降雨時間長且連續。

卷雲：高度約在6,000~10,000公尺間，卷雲是最高的雲，色白，外觀如羽毛般呈細絲、纖維狀，孤懸高空無雲影。日出、日落時顯現橘紅色或紅色。當颱風接近時，便可見到卷雲出現在天空中。

卷層雲：高度約在6,000~10,000公尺間，白色，具透光纖維狀的均勻雲幕，可掩蓋天空但無法遮蔽日光，也無法於地面產生陰影。當卷層雲覆蓋於太陽前方時，易產生日暈現象。

卷積雲：高度約6,000~10,000公尺，白色，形體類似穀粒或魚鱗狀，排列有序，稍微能阻擋陽光，但無法於地面產生陰影。

積雲：高度在1,000公尺以下，孤立且垂直向上發展的濃密雲層，狀似棉花。底部平坦，為不透光的白色或深灰色，是夏天常見的雲種。

積雨雲：濃厚、龐大的對流雲，垂直往上伸展，高聳如山嶽，頂端呈砧狀，又稱為砧狀雲。雲底呈深灰或黑色。積雨雲往往會帶來大雷雨甚至冰雹。

陽明山在秋日午後，每每起大霧，與泛紅的五節芒，構築成一幅絕美景致。

霧林。

楊秋霖/攝

宜蘭太平山上的翠峰湖，終年雲霧繚繞，猶如仙境。

清靜農場的晨霧。

大雪山夕照下的紅彩雲海。

阿里山日出，雲海由暗轉明，壯闊奔騰。

小格頭雲海。

晚霞。

楊秋霖/攝

雲海是怎麼形成的？

在山區，由於夜晚時冷空氣往山下移動，使得山谷溫度降低，潮溼的空氣大量凝結為小水滴，懸浮、聚集、堆疊在空中，從高處觀看，形狀有如翻騰的波浪，因而被稱為「雲海」。雲海並不是隨時都可以看見，一般而言，看雲海的最佳時機是清晨以及黃昏；因為當太陽升起後，雲層隨即往上升四散開來，太陽下山之後，雲層便往下降形成霧。雲海是阿里山五奇之一，也是臺灣高海拔森林遊樂區才看得到的特殊氣象景觀，除了阿里山，太平山、觀霧、大雪山、合歡山等都是看雲海的好去處。

為何溫泉大多在溪谷附近？

溫泉的形成主要是因為地殼變動，例如菲律賓海板塊與歐亞大陸板塊相互碰撞、擠壓，形成琉球海溝，造就了臺灣三大火山系統——大屯山系、東部海岸山脈系，與澎湖群島，在這些火山底下還有沒冷掉的岩漿，就會不停的冒出熱氣。當天上降下的水源，經由裂縫進入地底，流經這些熱岩石的縫隙時，水溫隨之升高，當熱水溫度變高，就會冒出地面形成溫泉。由於水位差壓力之故，使得溫泉常出現在溪谷邊，因而產生同一條溪中，左邊是熱水、右邊是冷水的奇特景象。

因地殼變動形成的溫泉，由於水位差壓力，多半出現在溪谷附近。

清晨以及黃昏是觀賞雲海的最佳時機。

讓我們看雲去——臺灣觀賞雲海最佳去處

森林遊樂區(步道)	最佳觀賞時間	位　　置
太平山森林遊樂區	夏冬季午後	見晴懷古步道
		太平山莊
		翠峰湖環山步道
		平元自然步道
		望洋山步道
東眼山森林遊樂區	秋冬季	遊客中心前小型車停車場
大雪山森林遊樂區	夏季傍晚冬季午後	33公里-雪山橋旁
		43公里-遊客中心
		48公里-觀景台
		50公里-景觀平台(往天池公廁旁)
阿里山森林遊樂區	秋冬	慈雲寺 祝山觀日臺
鳶嘴-稍來步道	夏季傍晚、冬季午後	
北大武山國家步道	全年傍晚	檜谷山莊前崩壁、4公里、8-9公里
浸水營國家步道	全年傍晚	23公里
藤枝森林遊樂區	秋冬季節傍晚	入口處藤枝林道旁
		藤枝山莊前廣場
		瞭望台
向陽森林遊樂區	全年、清晨及傍晚	遊客中心前

瀑布是怎麼形成的？

瀑布的形成有三種。

1.河流本身侵蝕力造成。即溪流流經之處，如果遇到不同硬度的岩層，會因為硬岩層抗蝕力較強、軟岩層較差，而產生差異侵蝕的現象；當差異侵蝕過大時，就會形成瀑布。這類的瀑布通常比較寬，如十分瀑布。

2.溪流在上一次的冰河期的冰原消退時，於冰川的主、支流交會處，由於冰川主流侵蝕力較大，開鑿出峽灣與山谷，將冰川的支流截斷，使得冰川支流自高處瀉下，形成細長狀飛瀑。臺灣多數的瀑布都屬於這個類型。

3.由於地殼變動，地表沿著斷層升降成懸崖，使得原先流經的河道形成大幅高低落差，因而形成瀑布。

樹木冰掛是如何形成的？

樹木冰掛又稱「樹掛」或「凍雨」，在氣象學中稱做「雨淞」，是一種水氣在地表凝華結晶和凍結而形成的。當冬季的地面氣溫低於0°C，而冷空氣上面有一層溫度在0°C以上的氣層，再往上的高空溫度則又低於0°C；當高空有雪花降落，會在0°C以上的氣層中融化為水滴，再往下落到接近地面的冷空氣時，水滴的溫度又降至0°C以下，但還沒有凍結，這種稱做過冷水滴。當過冷水滴降落到地面或落到其他物體表面時，就會立即結凍，形成雨淞。雨淞外觀多半是透明或半透明，可以發生在水平面上或垂直面上，對交通運輸與農業有很大的影響。

樹木冰掛在氣象學中稱做「雨淞」，是一種水氣在地表凝華結晶和凍結而形成。

十分瀑布。

合歡山雪景。

林務局轄屬森林遊樂區十大瀑布

遊樂區	瀑布名稱	瀑布類型	瀑布落差	位　　置
內 洞	內洞瀑布	長鍊、懸谷式	三層，各約13、19、3公尺	入口處步行30分鐘
滿月圓	處女瀑布	達10多公尺簾幕式	約20公尺	入口處步行約1小時
滿月圓	滿月圓瀑布	懸谷式多層瀑布	約15公尺	入口處步行約50分鐘
觀 霧	觀霧瀑布	長鍊、懸谷式	約30公尺	觀霧山莊下方1,500公尺，來回約2 小時
武 陵	桃山瀑布	長鍊、懸谷式	約50公尺	標高2,500公尺，距武陵山莊約4公里，海拔落差400公尺。
奧萬大	奧萬大飛瀑	長鍊、懸谷式	約20公尺	遊客中心步行約30分鐘
雙 流	雙流瀑布	簾幕式	25公尺	距入口處3,650公尺，步行約50分鐘。
知 本	知本瀑布	長鍊、懸谷式	2層，各為5公尺、3公尺	森林浴步道的盡頭，遊客中心步行約30分鐘
富 源	富源瀑布	長鍊、懸谷式	約70公尺	沿著富源溪上溯，經過2座吊橋，遊客中心步行約60分鐘
太平山	三疊瀑布	長鍊、懸谷式	中層約25公尺、第3層17公尺	距蹦蹦車終點茂興站約2,700公尺，步行來回3小時、海拔落差300公尺。

內洞瀑布。

雙流瀑布

三峽滿月圓處女瀑布。

森林景觀

臺灣的森林景觀

臺灣有哪幾種森林景觀？

臺灣位於北緯22°~25° 之間，中間有北回歸線貫穿，加上近4,000公尺的垂直落差，使得臺灣同時具備了熱帶、暖帶、溫帶、亞寒帶等氣候類型，多變的氣候也反映在豐沛的森林植群上，呈現八種截然不同的森林景觀。

1.高山寒原：位於海拔3,500公尺以上的高山稜線，因環境條件惡劣，植群多為低矮灌木及草本植物為主，如，玉山圓柏、玉山箭竹、高山芒草等。

2.亞高山針葉林：大約介於海拔3,000~3,500公尺間，樹種以臺灣冷杉為主，也是臺灣的森林界線。

3.冷溫帶針葉林：大約介於海拔2,500~3,000公尺間，樹種以臺灣雲杉、臺灣鐵杉為主。

4.涼溫帶山地針、闊葉混合林：大約介於海拔1,500~2,500公尺間，終年雲霧繚繞，又稱為霧林帶或檜木帶，是臺灣最具特色的植群帶。樹種以紅檜、扁柏、殼斗科為主。蘊藏許多孑遺植物，如臺灣杉、雲葉等，也是涼溫帶變色葉植物主要分布區，如臺灣紅榨槭。

5.暖溫帶闊葉林：大約介於海拔700~1,500公尺間，樹種以常綠樟科與殼斗科闊葉林為主，又稱做樟櫟群叢。此區也是暖溫帶變色葉植物分布區，如青楓。

6.亞熱帶闊葉林：分布於海拔700公尺以下，接近熱帶植群的特徵，蕨類與附生植物特別興盛；樹種以榕樹類、楠木類為主。

7.熱帶季風林：分布於恆春半島，以熱帶樹種為主，如蓮葉桐、銀葉樹、棋盤腳等，此區植物最大特色在於利用海漂來傳播種子。

8.紅樹林：主要分布於臺灣西部海岸河口淡鹹水交會處，北起淡水河口，南至高雄。經常在漲潮時形成獨特的水上森林景觀。

臺灣的林群類型

臺灣有哪些高山湖泊？

臺灣因地質結構、位於地震斷層帶與火山地形之故，高山湖泊大約可分為堰塞湖、構造湖與火山湖三種，從北到南大大小小有如一串晶瑩透亮的珍珠灑在山脊上。由北到南依序為：

1.新北市烏來與宜蘭縣交界、海拔1,350公尺的松蘿湖；
2.新竹縣尖石鄉臨宜蘭縣界的檜木林中、海拔1,680公尺的鴛鴦湖；
3.雪山主峰3,886公尺西側山谷的翠池；
4.中央山脈北端海拔1,800公尺的翠峰湖與海拔2,100公尺的三星池；
5.加羅山區海拔1,700~2,200公尺處，由10餘個湖泊構成的加羅湖群；
6.中央山脈中段，位於南投、花蓮縣界能高山—安東軍山區海拔2,800公尺的牡丹池、白石池與萬里池；
7.安東軍山附近的屯鹿池與屯鹿妹池；
8.往六順山途中的七彩湖；
9.臺東、花蓮、高雄縣界處，海拔超過3,200公尺、俗稱蛋池的嘉明湖，這可能是臺灣海拔最高的淡水湖；
10.中央山脈南端、遙拜山北麓，由三個水域組成、最大一池為大鬼湖，又稱他羅瑪琳池，是臺灣目前最深的高山湖泊；
11.高雄與臺東交界處、中央山脈南段石穗山北方的萬山神池與鄰近的藍湖、紅鬼湖；
12.最南的湖泊位於知本主山下的小鬼湖，又稱巴油池。

大鬼湖是魯凱族人心中的聖湖，也是臺灣目前最深的高山湖泊。與小鬼湖並稱為中央山脈南側的兩顆明珠。

翠峰湖終年煙波飄渺，因而有夢湖之稱。

形狀有如一枚雞蛋，因此又有蛋池之稱的嘉明湖是臺灣海拔最高的淡水湖，湖泊的形成可能是肇因於隕石撞擊。

又名巴油池的小鬼湖，流傳著魯凱族淒美動人的傳奇故事，也是最有可能發現臺灣雲豹蹤跡之處。

鐵杉的生長環境與特徵？

在所有的針葉樹材中，鐵杉的材質最為堅硬，因而得名。臺灣鐵杉要分布於海拔2,000~3,500公尺的寒山區，在雲霧帶之上，雪線之下，上與臺灣冷杉交會，下界與檜木、闊葉交會，是目前臺灣針葉樹材蓄積量最的樹種。臺灣鐵杉成熟的樹皮上有一片不規則狀的雲剝狀紋路，樹冠成傘狀，枝椏怒張十分容易與臺灣冷杉、灣雲杉區分。全世界僅美國北部、本、大陸西南與臺灣可以見到鐵杉。

鐵杉為針葉樹材中質地最堅硬者。

楊秋霖/攝

臺灣山區常見雲霧繚繞的原因是什麼？

雲海臺灣的中海拔山區，因氣候溫暖潮濕，屬盛行雲霧帶，終年雲霧繚繞，形成極具特色的雲海景觀，其中，阿里山的雲海還被列為臺灣八景之一。形成雲霧繚繞的原因主要有四：

1.臺灣地處東亞島弧摺曲地帶，又有東北季風與西南氣流交會；
2.位於太平洋海洋型氣候與大陸型氣候的過度區，使得上層空氣極不穩定；
3.因為險峻的高山與平地海拔的劇烈落差，受到大氣壓力與溫度的變化作用，使得向上氣流增強，容易形成雲霧籠罩；
4.臺灣森林茂密，蘊積豐厚的山嵐，有助於雲霧的形成。

阿里山因為阿里山脈檔下豐厚的西南氣流，雲海景觀更形獨特。

鐵杉成熟的樹皮上會有一片片不規則狀的雲剝狀紋路，十分特殊。

阿里山雲海有臺灣八景之譽。

臺灣有幾種原生櫻花？

山櫻花

櫻花植物為薔薇科櫻屬，臺灣原生櫻花植物共有14種，包括：布氏稠李、臺灣稠李、山櫻花、蘭嶼櫻、腺脈野櫻桃、墨點櫻桃、冬青葉桃仁、刺葉桂櫻、圓果刺葉桂櫻、黃土樹、霧社櫻、阿里山櫻、白花山櫻、太平山櫻。其中以山櫻花最常見，太平山櫻、霧社櫻與阿里山櫻較珍貴，具觀賞價值；蘭嶼櫻則瀕臨絕滅。

臺灣檜木巨木群主要分布地在哪裡？

臺灣的檜木有兩種：紅檜與臺灣扁柏，主要分佈在1,300~2,800公尺的中央山脈區的雲霧籠罩處；南部以紅檜為主，北部則多為臺灣扁柏，但也有不少紅檜。臺灣最著名的檜木巨木群包括：拉拉山巨木群、司馬庫斯巨木群與鎮西堡巨木群，其他尚有棲蘭山、阿里山、北插天山等巨木群。臺灣巨木群以紅檜為主，其他尚有臺灣扁柏、香杉等，樹圍往往超過10公尺，樹齡多在2,000歲以上，是臺灣最珍貴的林木寶藏。

棲蘭扁柏群。

大雪山紅檜巨木。 楊秋霖/攝

山櫻花

臺灣有幾種原生杜鵑花？

臺灣特殊地理位置與地貌，以及變化萬千的氣候，衍生出16種原生杜鵑花，其中12種為臺灣特有種。16種原生杜鵑花為：南澳杜鵑（埔里杜鵑）、棲蘭山杜鵑、臺灣杜鵑、南湖杜鵑、烏來杜鵑、著生杜鵑、西施花、守城滿山紅、細葉杜鵑、金毛杜鵑、長卵葉馬銀花、馬銀花、玉山杜鵑（森氏杜鵑）、紅毛杜鵑、臺灣高山杜鵑、唐杜鵑。其中，最早開花的是南澳杜鵑、唯一開黃花的是著生杜鵑、金毛杜鵑族群數量最多、分布海拔最高的則是玉山杜鵑。

紅毛杜鵑生長於高海拔地區的臺灣二葉松林下，經常與玉山箭竹草生地混生。

合歡山上的玉山杜鵑。

臺灣賞杜鵑景點

	特　　性	觀賞地點
烏來杜鵑	僅出現在溪流的岩岸，是臺灣原生杜鵑花中唯一屬於亞熱帶河岸杜鵑。	新北市北勢溪鷺鷥潭一帶。但翡翠水庫建立後，烏來杜鵑生育地遭到淹沒，遂消失於野外。
金毛杜鵑	常獨自或三、五株零星出現。	臺灣原生杜鵑花中垂直海拔分布幅度最大者，從海拔300～2,800公尺都可看見。
南澳杜鵑	成群結隊大片出現。	多半出現於低海拔的臺灣二葉松林下。中興大學惠蓀林場的杜鵑嶺、八仙山。
臺灣杜鵑	臺灣原生杜鵑花中唯一可形成森林的喬木型杜鵑。	臺灣大學溪頭遊樂區的鳳凰山、太平山、北大武山。
玉山杜鵑	耐強風冬雪的嚴酷環境，是臺灣分布海拔最高的杜鵑。	全島高山分布普遍，尤以松雪樓後的合歡東峰、阿里山最可觀。
南湖杜鵑	通常出現在石灰岩環境中。	南湖大山前的五岩峰最為壯觀。
細葉杜鵑	原生杜鵑中葉最細小者。	梨山、觀霧附近的臺灣二葉松林下。
紅毛杜鵑	於高海拔地區的臺灣二葉松林下及玉山箭竹草生地混生。	臺灣全島之高山，尤以中橫霧社支線鳶峰休息站週邊，最為可觀。

南澳杜鵑（埔里杜鵑）。 楊秋霖/攝

高山與海濱的花朵為何特別鮮豔？

高山與海濱地區因為日照強烈，陽光中的紫外線過強，使得生長在這兩種地形中的植物會製造、累積大量的花青素、類黃素，以反射過強的紫外線或其他有害光線，在花色上便特別容易顯出紫色、黃色、紅色等鮮豔的色彩；加上高山與海濱地區適合植物生長的時間短，開花期集中，容易讓人覺得高山與海濱植物的花開得特別美。

臺灣有落葉植物的純林嗎？

臺灣位於北半球南方，雨量充沛，相對濕度高，植物群落多屬常綠樹，落葉植物較少；但因地形特殊，在臺灣海拔1,500~2,500公尺的暖溫帶森林中，向陽或溪谷兩岸的崩坍地、開曠地或稜線偶而會有不耐陰的落葉植物出現，但通常以單株或零星出現，少有大面積純林。其中楓香、栓皮櫟偶而會出現一小片純林，唯一的例外是插天山廣達350公頃，與太平山翠峰湖附近臺灣山毛櫸步道廣達900多公頃的臺灣山毛櫸群落，稱得上是世界奇蹟。臺灣山毛櫸在每年10月底，11月初葉子泛黃，大面積純林將北插天山、太平山的銅山一帶染成一片金黃，形成似北國震撼性之變色葉植物景觀。此外，臺灣山區亦常可見到臺灣赤楊純林。

太平山翠峰湖附近，廣達900多公頃的臺灣山毛櫸群落，是臺灣少見的落葉純林。

知識小百科

臺灣一葉蘭
Pleione bulbocodioides

特徵：附生，具假球莖，及其頂生1-2片葉。葉於花後出現，具縱摺紋。花多單生，頂生，大而豔麗；花瓣與萼片相似；唇瓣基部包住蕊柱。假球莖角錐狀，基部圓球形，紫色、紫褐色或青綠色。葉單生，倒披針形至窄橢圓形，葉面曲折。花序頂生，1-2朵花。花粉紅色，鮮麗，稀近全白。蒴果紡錘形，長約4公分，黑褐色。

玉山金絲桃
Hypericum nagasawai

特徵：草本，高約 0.35 m；老莖具2-4縱條紋。葉卵形、橢圓形、倒披針形或線形，具灰色或兼具黑色腺點，基部心形抱莖至楔形或漸狹。種子具梯形紋。

楊秋霖/攝

阿里山龍膽
Gentiana arisanensis

特徵：多年生草本，斜立；莖常在較上部分枝，常密集叢生。葉內摺，卵形，密生莖上，芒刺狀漸尖頭。花單生枝頂。果倒卵形，長5-7 mm，寬3-4 mm。

楊秋霖/攝

臺灣有哪幾種代表性的變色葉植物？

屬亞熱帶的臺灣，至少有34種以上的變色葉植物，主要分布於全島中、高海拔地區，其中楓香與臺灣山毛櫸有大面積純林，青楓、臺灣紅榨槭、山漆最常見，是臺灣最重要的變色葉觀賞植物。此外，臺灣常見變色葉植物還包括：青楓、無患子、九芎、黃連木、臺灣欒樹、欖仁、山櫻花、臺灣櫸、烏桕、白桕、木油桐、大花紫薇、巒大花楸、玉山假沙梨、刺蔥、山鹽青、杜英、薯豆、栓皮櫟、南燭等。

請問臺灣山毛櫸的生長環境與分布區域？

臺灣山毛櫸又稱臺灣水青岡，是臺灣特有種，已列為珍貴稀有植物。屬第三世紀孑遺種，目前全世界僅存13種，臺灣僅有一種。臺灣山毛櫸喜歡生長在溫涼溼潤的氣候，是北半球溫帶地區常見的變色葉植物。臺灣山毛櫸主要分布於北臺灣海拔1,100~2,000公尺山區，包括：逐鹿山、北插天山、羅培山、南插天山、銅山、拉拉山、阿玉山、大白山、蘭嵌山及鳥嘴山等，其中北插天山因擁有大面積純林，為臺灣山毛櫸重要生育地而劃入「插天山自然保留區」。另一處臺灣山毛櫸在南澳北溪發源地的銅山一帶，分布海拔1,600~1,800公尺的稜線上，面積更廣達900多公頃。

「插天山自然保留區」擁有全台最大面積臺灣山毛櫸純林，也是臺灣山毛櫸重要生育地。

中橫秋顏。

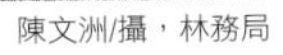

陳文洲/攝，林務局

屬亞熱帶的臺灣，至少有34種以上的變色葉植物，將臺灣的秋天妝點得分外美麗。

武陵農場秋色。

臺灣山毛櫸的特徵為何？

臺灣山毛櫸屬落葉性大喬木，樹高可達20公尺以上、胸高直徑可達70公分以上，多生長在山稜線附近，常形成大面積的純林。屬退縮的冰河孑遺物種的臺灣山毛櫸在臺灣呈現退縮性分布，天然更新與繁殖受到生育地及氣候限制，林下幼苗不易生長更新，因此呈現衰退現象。每年3~4月開花，9~10月果實成熟，11月葉子變色為黃、紅色，非常美麗壯觀。鋸齒緣單葉互生，具托葉，7到10對平行側脈明顯且下凹；雌雄同株單性花，花與葉同時開放，雄花繖形頭狀垂生於葉腋，雌花1~2著生於長梗，殼斗球形長約一公分，表面有軟棘，熟時四裂，堅果為卵狀三角形。

楓葉為什麼會變色？

植物的葉綠體是澱粉的製造工廠，葉綠體利用光合作用，將水、二氧化碳轉變成澱粉，輸送到植物的各個部分。葉綠體內的色素包括葉綠素A、葉綠素B、胡蘿蔔素、葉黃素等，其中葉綠素A與B佔了85%以上，所以多數的樹葉會呈現綠色。春夏之際，葉子會大量製造葉綠素，到了秋天，由於白天的光度強，使得葉綠素加速分解，入夜後的低溫又減緩葉綠素的製造，使得殘存在葉綠體中的其他色素終於呈現出來；這時存留的若是胡蘿蔔素、或葉黃素時，葉子就會呈現金黃或黃色。等到秋末冬初，甚至寒流來襲時，植物運送養分的工作遭到阻礙，加上葉子到了這時大多老化了，使得葉片裡的養分輸送更加困難；這時澱粉只好堆積在葉片中，將葉片原先的黃色素還原成紅色的花青素，等到葉綠素分解後，花青素就明顯的顯現出來，於是便形成了紅葉。

樹葉轉紅，是因為葉綠體作用降低或受到阻礙，使得樹葉中其他成分如花青素得以釋出，使得葉子轉紅。

屬冰河孑遺物種的臺灣山毛櫸更新與繁殖不易，更顯珍貴。

武陵農場秋日楓紅。

「槭」、「楓」、「楓香」有什麼不同？如何分辨？

許多人以「三楓五槭」──楓香葉子為三裂、槭五裂，來作為辨認槭樹與楓樹的依據，但其實楓香的葉片偶而也有五裂者，而槭樹有全緣、三、五裂至多數的奇數裂。到底要如何分辨「槭」、「楓」、「楓香」呢？其實很簡單，「楓香」屬金縷梅科植物，葉互生，果實為球狀的聚合果；而「楓」據考據其實就是「槭」，如青楓又名中原氏掌葉槭，屬槭樹科，葉對生，果實具雙翼翅果。

「楓香」屬金縷梅科植物，葉互生。

臺灣最適合賞楓的地點在哪裡？

臺灣最佳賞楓的地點分布廣泛，若在秋天循著臺灣中海拔稜線，經常有機會看到稜線、溪谷邊美麗的楓(槭)，如馬拉邦山、三峽滿月圓、北橫石門水庫、三光一帶以青楓為主；中、南橫沿線以及大雪山森林遊樂區、阿里山至塔塔加之新中橫沿線，臺灣紅榨槭最美；至於中橫之碧綠溪一帶楓之多樣性最高；奧萬大森林遊樂區與霞喀羅古道的整片楓香，更屬全臺首屈一指。

武陵農場是臺灣著名賞楓景點。

七家灣迷人的秋景。

林金樹/攝　林務局

請問臺灣紅樹林的分布區域與主要樹種？

臺灣西部因為地勢平坦，在河海交會處容易淤積大泥沙，形成淺灘與潮間帶，十分適合紅樹林生長，因而北從淡水河口，南至屏東大鵬灣沿岸，都可看到紅樹林的蹤跡。包括：淡水河口區的竹圍紅樹林、挖子尾紅樹林、關渡沼澤；新竹新豐：苗栗中港溪口、通霄；嘉義東石、布袋好美寮；台南雙春海岸、北門、將軍溪口、七股頂頭額汕、四草；高雄阿公店水畔、塭岸、鹽田，永安、旗津；屏東東港等，另外在離島金門也有紅樹林的分布。淡水竹圍紅樹林保留區是目前臺灣面積最大的紅樹林，也是全世界面積最大的水筆仔純林，面積廣達76公頃。臺灣紅樹林樹種曾多達六種，但目前僅存水筆仔、紅海欖、海茄苳與欖李四種。

臺灣有熱帶雨林嗎？

熱帶雨林指的是位於赤道至南北回歸線之間(多指南北緯度10度之間)的熱帶氣候區，全年平均溫差在攝氏10度以內，最冷月在攝氏18度以上，冬季不降霜；全年降雨量在3,000毫米以上，無明顯乾季，且月降雨量平均，年平均相對溼度高，通常高達90%以上。臺灣基本上有明顯的乾溼季區分，因此並沒有熱帶雨林。不過，蘭嶼卻十分接近，除了多層次的樹冠缺乏外(熱帶雨林通常有5-7層的樹冠，臺灣多颱風，因此熱帶季風林通常只有3-4層的樹冠)，其他條件如纏勒植物、植物板根與支柱根現象、幹生花、幹生果等都有。不過蘭嶼最冷月是17.7度，降雨量則剛好3,000公厘。

熱帶雨林植物棋盤腳花。 楊秋霖/攝

屬於熱帶季風林的恆春，植物的特徵十分接近熱帶雨林。

知識小百科

水筆仔
Kandelia obovata

特徵：紅樹科，分布廣，數量較多，耐寒性較高，具胎生苗，主要出現於北部，淡水河出海口的挖子尾、竹圍、關渡一帶，有較大面積的純林。

海茄苳
Avicenia marina

特徵：馬鞭草科，分布廣，數量多，主要分布於新竹以南，屏東有海茄苳純林。

紅海欖
Rhizophora stylos

特徵：紅樹科，只分布在南部，數量較少，有胎生苗。

欖李
Lumnitzera racemos

特徵：使君子科，主要出現於南部，數量較少。

臺灣有哪幾種代表性的景觀蕨類？

臺灣有蕨類王國之稱，在日常生活中，觀賞用的蕨類有：筆筒樹、臺灣桫欏、鐵線蕨、鹿角蕨、長葉腎蕨、觀音座蓮、芒萁、雙扇蕨、栗蕨、卷柏等。著生在樹上之蕨類如南洋山蘇花、臺灣山蘇花、山蘇花與崖薑蕨等，十分壯觀。

臺灣有冰河期遺留的泥炭沼澤嗎？

泥炭沼澤主要分布在芬蘭、加拿大、愛爾蘭、蘇格蘭等寒溫帶地區，是冰河撤退時遺留下來的特殊地形，約占全世界面積的3%，是許多特殊、稀有物種賴以維生的地區。不過，在1999年4月6日，宜蘭太平山發生一場罕見的森林大火，卻意外發現隱藏在深山中的加羅湖群，不僅僅是重要的溼地，為鳥類的棲息地和乾淨水質的來源，也是臺灣最大的泥炭沼澤。加羅湖群含括了加羅湖、偉蛋池、豪邁池、天池、綠池……等數個大小不一的水池。生態資源十分的豐富。

加羅湖。　邢正康/攝

芒萁。 楊秋霖/攝

雙扇蕨。 楊秋霖/攝

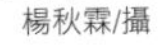

栗蕨。 楊秋霖/攝

崖薑蕨。 楊秋霖/攝

火炎山是如何形成的？

火炎山屬於臺灣惡地地形的一種，是臺灣西部山麓地區地層在地殼運動中隆起的特殊地貌。火炎山地質屬於二百萬年前的頭嵙山層的地層，結構上必須要有巨厚的礫石層，而且礫石間膠結不是很細緻，透水性佳，使得向下切蝕容易，造成大角度的壁面。這種含有圓形礫土的沙土層的形成，是因為在造山運動激烈的時期，地殼快速隆起，使得侵蝕速度加快，大量礫石被沖刷到河口堆積，速度快得無法形成均質的沉積岩，而變成大小、粗細不一，膠結不好的礫石層。之後，隨著地殼繼續隆起，這些礫石層變成山地，開始風化、侵蝕作用，造成垂直拔起，造型突兀的火炎山。其中三義火炎山礫石膠結脆弱、易崩；而十八羅漢山礫石膠結緊齊，相對較結實。為了保護這一類珍貴地景，遂規劃了苗栗三義火炎山自然保留區、九九峰自然保留區及十八羅漢山自然保護區。

三義火炎山

廖偉國/攝

九九峰自然保留區

十八羅漢山自然保護區

楊建夫/攝

你不知道的森林功能。

1 森林與水
2 森林與氣候
3 森林與環境
4 其他功能

為何說森林是水的故鄉？

森林是水的故鄉，是因為森林具有保土護坡、蓄涵水量及淨化水質的功能，能將水做有效儲存。森林擁有多層次的結構，具有截留功能，使得雨水不會直接落到地面，造成土壤流失；樹木的根系、枯枝落葉與腐植層則可增加水的滲透和涵養量，減少地表的逕流量，涵養並淨化水源。換言之，森林就像一塊巨大的海棉，能吸收、涵養大量的水分，並適時發揮調節功能，因此，有森林的地方，就會有豐富與乾淨的水源。

看到森林就表示附近經常有河流或湖泊嗎？

當雨水從天空凝結降落時，森林的樹冠層會先形成第一道阻擋，避免雨水直接沖刷地表，造成土壤流失；緊接著再透過土壤與樹木根部的運作、吸收，將水運送、儲存於土壤深處，並將多餘的水慢慢排出，以保護土壤。這些多餘的水分慢慢匯集成細小的水流，由高處往低處流動、逐漸匯合聚集形成小溪流，再匯聚成一條較大的溪流，最後經由河口流入海洋。在由高山往平地流動的過程中，若遇上地殼變動、或天然災害使得水流遭到阻斷，就會形成堰塞湖泊。一般而言，森林坡度較陡處多溪流，緩坡或平原較多湖泊。

森林是水的故鄉，因為森林具有保土護坡、蓄涵水量及淨化水質的功能，能將水做有效儲存。 陳中興/攝，林務局

森林與水資源保育有何關連？

水資源是一種重要的自然資源，尤其在多山的臺灣，水源多半來自山區森林，因此森林的存在對於降水、河水的水量消長有密切的關係。水庫雖然可以儲存水源，但水庫的容量畢竟有限，再則儲存在水庫中的水會隨著太陽照射而蒸散；相反地，森林可將雨水滲入土壤中，蓄積成為地下水，若能使雨水不斷滲入土壤，由土壤中的孔隙予以蓄留，甚至深入岩層的裂隙、孔洞中，而儲存於地下，其容量可是水庫的千百倍。因此，水資源的保育工作，即在積極推動森林復育，而水土保持的目標亦即在以各種土壤保育方法，替水資源營造貯蓄的空間，同時避免土壤流至水庫造成淤積，而減少水庫的蓄水容量。因此水庫存在最大的貢獻乃是調節水量之供需，但調節功能仍不如森林。

在多山的臺灣，水源多半來自山區森林，因此森林的存在對於降水、河水的水量消長有密切的關係。

水資源循環

水循環可分為四階段：

1.儲存：水以液體狀態存在海洋、以固體狀態存在冰裡、以氣體狀態存在於水氣內。

2a蒸發：海洋與陸地的水體受到太陽的熱能，以水蒸氣形式散到大氣中。

2b蒸散：陸地上土壤與植物所含的水分，氣化到大氣中。

3.凝結與降水：大氣中的水氣經由凝結（雲、霧）與降水（雨、雪）的形式，回流到地表。

4.沖刷：水經由河流或地下水的活動，匯入海洋。

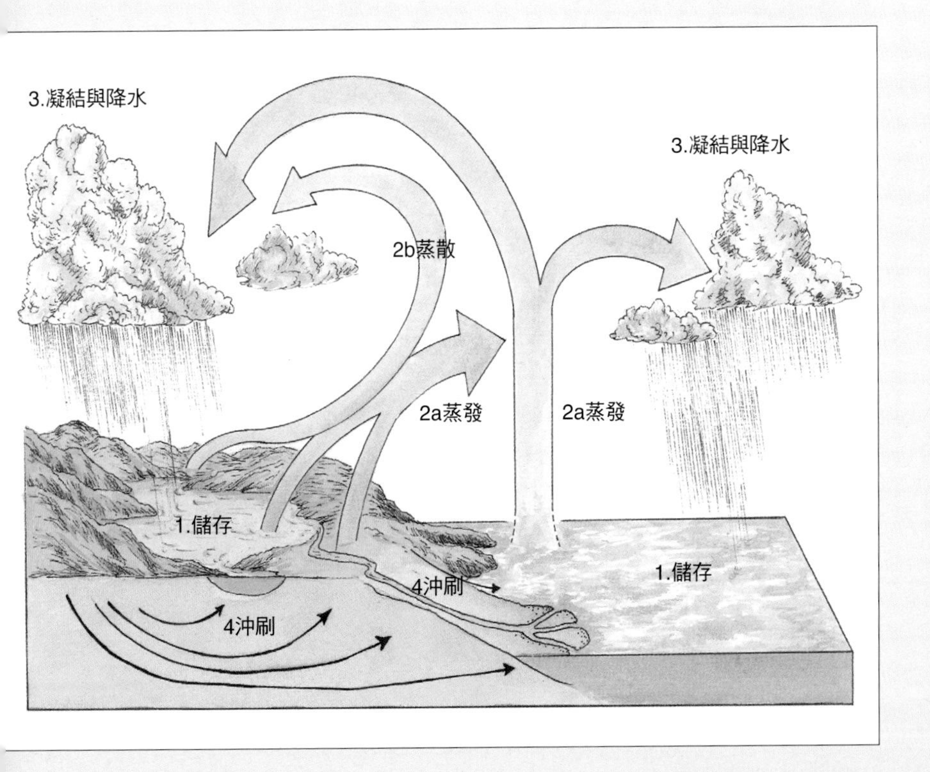

森林如何調節河川流量？

森林並不直接製造水，但是它能從雨水落到樹冠之際開始，到形成溪流為止，調節水的行徑。森林的地表因具有厚密的枯枝落葉腐質土層，當降雨時，森林可大量儲存水源，遇上乾旱時，則可釋出水源。森林不僅能增加地表水的滲透機會，亦能過濾被污染的地表水內的雜質。此外，根據試驗報告，適度的砍伐森林或利用蒸散抑止劑，也可以增加河川的年流量，因為砍伐森林能減少蒸散損失，使較多的水分進入溪流。臺灣地形陡峭，河川不長，落差大，加上雨季又多集中在梅雨季及颱風季，一旦山區大雨，河水暴漲，湍流入海；到了乾季，河川又多呈現乾涸狀，河床見底。這種兩極化的現象，很不利於水資源的儲存及利用，若能從保育森林著手，讓森林一方面減低洪水時期的水位，另一方面提高枯水期的水位，不盡源泉，經常維持水位差，發揮涵養水源的效應，增進森林土壤保水性能，就能有效調節水的流量。

天上落下的雨水，部分間接經由森林中的樹木存留在土壤深處，部分流入溪流，當溪流水位降低時，土壤可釋出水分，調節水量。

森林不直接製造水，但可調節水的行徑。

苔蘚、地衣、腐植質層有什麼功能？

苔蘚、地衣與腐植層都有促進土壤養分的功能。地衣的菌絲可以穿透岩石，讓岩石風化崩解，與地衣一起化為土壤，供給植物生長；苔蘚類植物能分泌一種酸性物質將岩石表面溶解，並吸收空氣中的物質和水分，讓岩石表面慢慢形成土壤，且因具有特強的吸水力，有助於水土保持；腐植層指的是土壤表層及其上層，是由森林中的有機物腐植化作用或礦質化作用分解而來，腐植物是土壤養分最重要的供給源，林木生長優良與否，與森林腐植質之分解狀態及生成量有關。

森林中的苔蘚、地衣與腐植層都有促進土壤養分的功能，是土壤重要供給源。 楊秋霖/攝

森林多層次的結構為何有利保持水分？

森林由樹冠層、喬木層、灌木層、草本層、枯枝落葉層與腐植層所組成；多層次結構，可以讓雨水慢慢由樹葉流經枝條、樹幹，再進入地表被土壤吸收。如此一來，不僅著生植物藉此獲得水分，也可以避免直接沖刷土壤，造成表土的流失，也可涵養水源、蓄積水源。

森林多層次結構圖

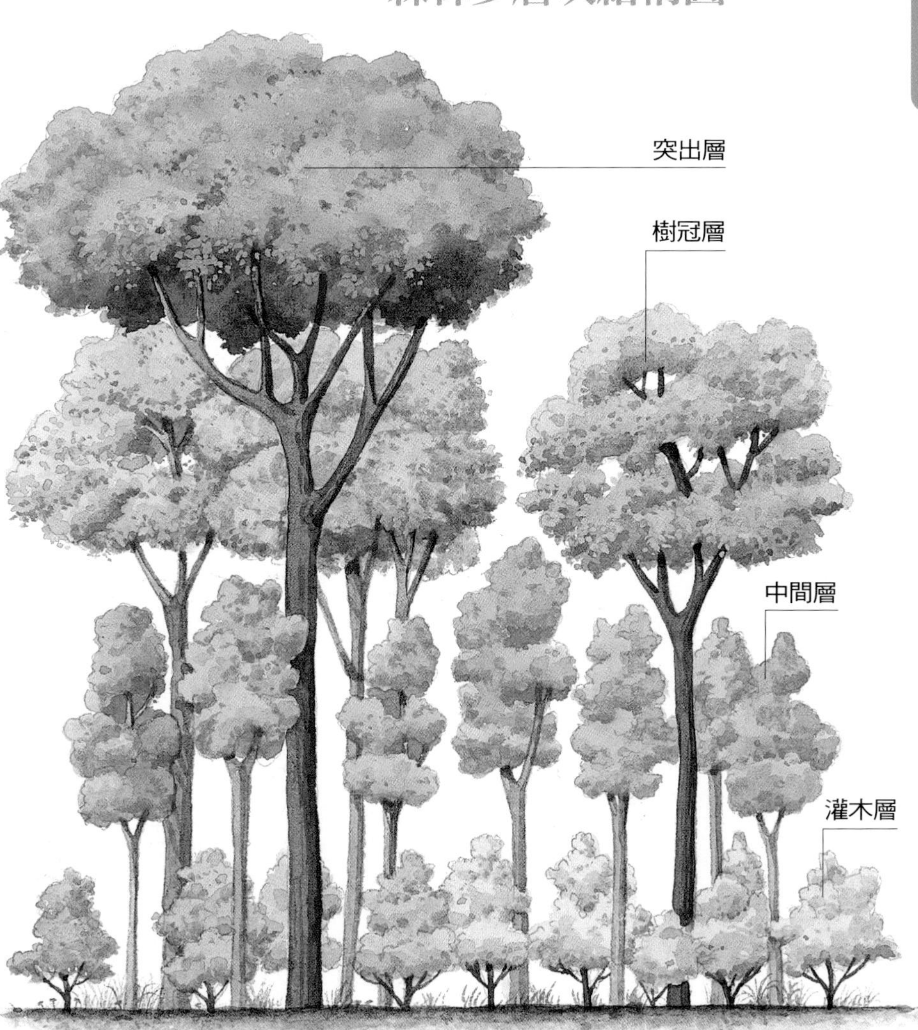

土石流的發生與森林有關嗎？

森林中的植物具有涵養水源、調節水流的功能，當森林受到不當砍伐或因極端降雨、土壤深度不足、地形坡度過陡等因素，導致地表裸露，裸露的地表將因缺乏樹冠層的緩衝，在遇上豪雨時水將直接沖刷地面，造成土壤流失、土質鬆動；樹木樹根也失去抓地固土與深入地層調節水流的功能。而土壤中的泥、砂、礫或巨石等物質，在長期受到水的沖刷，在重力作用下，沿著坡面或溝渠由高處往低處流動，就會形成土石流。

為何森林可以捍止土砂？

由於森林的覆蓋，林內的溫度較林外溫度變動較為緩和，可以減少地表的風化作用，同時也減少雨水直接打擊地面。除此之外，森林中的樹木根系可以達到涵養水分與固土功能，在雨季時可防止大雨沖刷，旱季時可調節水流，保持土壤溼潤，不致造成土壤劣化或沙漠化。

谷關土砂捍止保安林。 楊秋霖/攝

宜蘭南山村河流泥土堆積現象。

土石流現象。

楊建夫/攝

森林功能

森林與氣候

森林如何調節通風、消除乾熱？

森林具有遏阻和緩和氣流的能力，能夠阻擋強風，將大風分散成小股氣流，並改變風的方向。當風吹向森林時，在林緣外數百公尺就會開始減速，同時氣流因為森林的阻擋轉向上方移動，越過森林後再繼續前進，但此時的風速已減弱。此時在森林中各個不同高度的風速，以接近地面處的最小，並隨高度的增加而增強。這些小氣流可使大量涼爽潔淨的空氣流入市區，與外面乾熱的空氣交換，有如自然的巨型冷氣與淨化系統，達到調節通風與消除乾熱的效果。

森林如何淨化空氣？

樹木會行光合作用，吸收大氣中排放的二氧化碳，產生氧氣，以淨化空氣；森林中許多樹木及草本植物會散發出一種特殊物質——芬多精，可以讓森林空氣清新，亦可達到殺菌的功能，對人類健康有相當的幫助。此外，森林中的林木可以阻擋空氣中的塵粒，使之附著在樹葉上，達到淨化空氣的功能。

森林中植物散發的芬多精，可以讓空氣清新，還可達到殺菌的功能。

森林可以阻擋強風，將大風分散成小股氣流，促進與外面乾熱的空氣交換，使森林內保持清爽通風。

為何濫伐熱帶雨林會加劇溫室效應的發生？

森林原來佔地球陸地面積的40%，人類在過去四百年間，為符合人類的需求，大量砍伐森林，使得森林面積已銳減至目前的27%。早期砍伐以溫帶林為主，近年來則轉向熱帶雨林。其中，溫帶林在砍伐過後，多會回種造林；但遭砍伐的熱帶雨林則多半改種經濟作物，不利於熱帶雨林生態維持。熱帶雨林擁有茂密的植群，可以進行大量的光合作用，透過光合作用，植物吸入二氧化碳排出氧氣；熱帶雨林雖僅佔地球面積的6%，製造的氧氣卻達地球氧氣總量將近一半。如果熱帶雨林遭到濫伐，少了植物來吸取大氣中的碳，碳便在大氣中不斷累積，再加上因為發展工業而釋放的大量二氧化碳，將使得大氣中的二氧化碳急遽增加。而二氧化碳本身就是一種溫室氣體，會吸收地球表面的紅外線輻射，使大氣溫度上升，地球整體的溫度自然也隨之上升。

森林內與森林外之氣候有什麼差異？

森林因為有茂密的林冠，可以阻遮太陽輻射，因此即便在森林外有烈日高照，在森林裡仍舊可以保持陰涼，依據研究，有森林存在的地方，白晝森林內溫度較之林外低3~5°C。到了夜晚或是冬季時，森林內的熱量不易散失，反而比森林外的氣溫來得高。若長時間待在森林裡，會感覺日夜溫差與季節溫差較小，有冬暖夏涼之感。

森林茂密的林冠可以阻擋太陽輻射，使得森林內的溫度可以保持涼爽。 楊秋霖/攝

溫室效應

當陽光照射到地球表面，多數的熱能會被地表吸收，使得地表暖化，同時地表也會將吸收的熱以紅外線輻射的方式往外釋出，在向外釋放的過程中，有一部分的紅外線會被大氣中氣體吸收再釋出，使得大氣低層或接近地表的溫度略微上升。這種有如暖房的增溫作用，通稱為溫室效應，這種作用所產生的氣體，就是溫室氣體。如果沒有溫室效應氣體，地球表面溫度應該只有攝氏零下18度，是大多數生物都無法生存的環境。

然而，工業高度發展的結果，人類過度排放二氧化碳、甲烷、氧化氮等，破壞了原先平衡的狀態，形成過度的溫室效應，使得大氣的溫度快速上升。而過度上升的氣溫，將導致冰山融化、海面上升、陸地面積減少，甚至對全球氣候變遷造成影響。因此，如何降低過多的溫室效應，變成了當代人類最重要的課題。

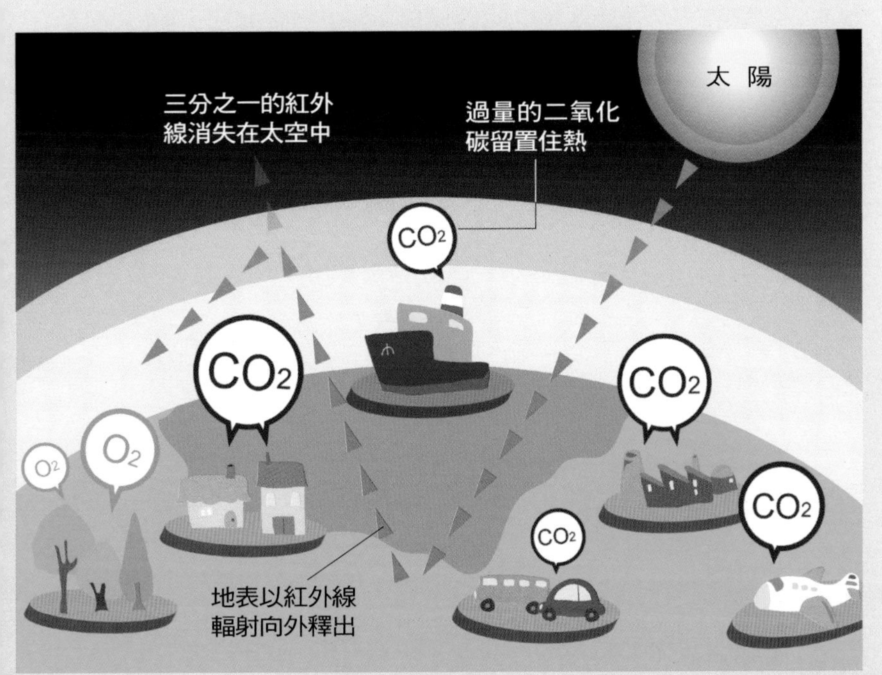

吳順文/繪

焚風怎麼形成的？對農作物有什麼影響？

當大規模的氣流吹向山脈，沿著山的斜面向上吹之後氣溫即降低，空氣中含的水氣凝結成雨下降，這種風繼續前進變乾燥，翻越山的反側而下降時，因發生沈降增溫效應，氣流中的水氣減少，使下山的氣流更加乾燥，因而形成增溫的風，在氣象學上稱做焚風。焚風會使得樹木乾枯、農作物枯死，若稻子於開花期遭逢焚風，會產生白穗，使得農作物損失慘重。

臺灣哪些時間及地點容易出現焚風？

在臺灣，焚風經常伴隨颱風的形成而出現，並受到颱風行經路線的影響。當颱風由呂宋島西進，東海上又有高壓存在時，加強了東南風的勢力，背風的臺灣北部就會出現焚風現象；當颱風中心從臺灣南部或巴士海峽通過時，颱風環流越過中央山脈，將導致臺灣中、西部出現焚風；當颱風中心位置位於北部或東北部海面，就容易造成背風的臺灣東部出現焚風。臺灣東部的成功、臺東、新港、大武等是最容易出現焚風的地區。

焚風會使得樹木乾枯、農作物枯死，若稻子於開花期遭逢焚風，會產生白穗，使得農作物損失慘重。

臺灣東部的成功、臺東市、新港、大武等是最容易出現焚風的地區。 廖俊彥/攝

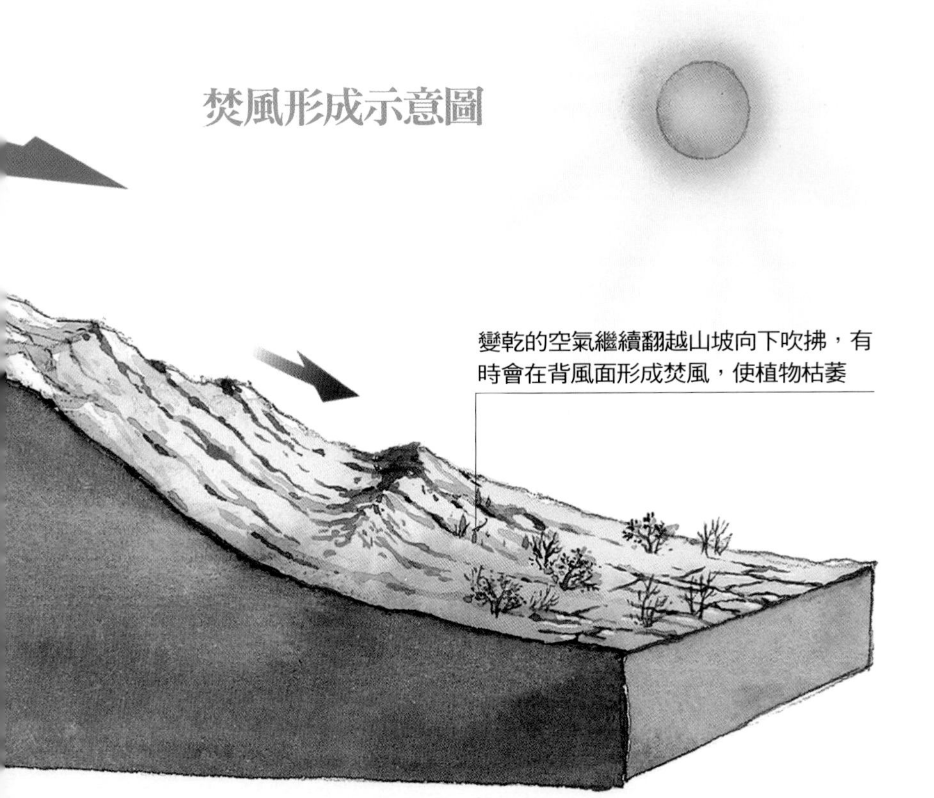

森林功能

森林與環境

森林的消失與全球環境變遷有什麼關係？

全球環境變遷包括氣候變遷、陸地及海洋生物生產力的變化、大氣化學成分變化、水資源變化與生態系統的變遷。森林是地球陸地生態系的主體，對於自然生態平衡、以及促進生態系的循環，具有主導的作用；對於整個生物圈的物質與能量交換過程，與保持自然界的動態平衡，佔有重要地位，如，水源涵養、固碳、氣候調節、林木生產、生態保育等。在全球重大環境議題中，溫室效應、酸雨形成、土地荒漠化現象、熱島效應等，都影響森林的消長。

酸雨是重大環境議題之一。

森林的消失，將導致土地沙漠化。

楊秋霖/攝

熱帶雨林的消失，對全球環境變遷影響深遠。

什麼是森林公園？

森林公園是在都市中創造一個森林環境，將自然景觀和人文景觀匯聚，提供民眾假日親近自然的機會，也是民眾短期旅遊、休假以及進行科普教育的好去處。在森林公園裏民眾能可以透過各種活動——散步、運動、休息、賞鳥、賞蝶、賞花、騎自行車，享受森林浴等，藉此達到放鬆心情，消除疲勞的功能。

日本對森林公園、自然公園與都市公園有嚴格規範條件：

自然公園：密生型，樹林覆蓋度70-100%，有多層次的林相，屬自然狀態。

森林公園：疏生型，樹林覆蓋度40-60%，有高大喬木、灌叢、野草，有森林浴步道，屬半自然狀態。

都市公園：散生型，樹林覆蓋度10-30%，有草坪、觀賞花木。

我國的臺北富陽公園，最接近自然公園的條件。

森林公園為什麼被稱為「都市之肺」？

「森林公園」，是在擁擠而充斥的水泥環境中，最方便接近大自然的一扇窗口。雖然森林公園是人造公園，屬於都市林的一種，並非大自然所見的天然林，但仍可透過森林公園看見部分荒野呈現的生命力，與多層次的植群生態。這些種類繁多的植群，不但能綠化都市、提供人們假日休憩，更重要的是能製造大量的氧氣與芬多精，有效過濾都市中大量排放的污染物、達到淨化空氣的功能，因而有「都市之肺」之稱。

臺北富陽公園最接近自然公園的定義。

楊秋霖/攝

自然公園是以保護珍貴自然資源為目的，自然度較高(圖為關渡自然公園)。 楊秋霖/攝

在森林公園裏民眾能可以透過各種活動——散步、運動、休息、賞鳥、賞蝶、賞花、騎自行車，享受森林浴等，藉此達到放鬆心情，消除疲勞的功能。楊秋霖/攝

楊秋霖/攝

酸雨對臺灣的森林會造成什麼影響呢？

無論是乾沈降或溼沈降的酸雨都會對森林造成嚴重的危害。酸雨落在樹冠層，將導致葉片變黃乾枯脫落；而落在土壤中的酸雨將使得土壤中的營養元素鉀、鈉、鈣、鎂釋出，造成土壤酸化，並導致土壤中的活性鋁增加，進而抑制林木的生長，讓森林死亡。此外，酸雨也會抑制某些土壤微生物的繁殖，降低酶活性。酸雨還可使森林的病蟲害明顯增加。而由土壤釋出的金屬元素流入河川或湖泊後，將引發魚類死亡，並使水生植物及引水灌溉的農作物，累積毒金屬，透過食物鏈進入人體，影響人類健康。

溼地植物的「去污淨化」功能是什麼？

根據國際水協會(International Water Association, 簡稱IWA)調查，溼地植物在溼地去污淨化水質功能包括：

1.可以產生氧分子經由根及根莖系釋放到土壤及水中，提供細菌礦化、硝化、呼吸等作用的需氧來源；
2.植物根莖組織提供細菌附著生長所需的面積；
3.氮、磷與重金屬的攝取；
4.產生有機碳做為細菌脫硝作用；
5.遮光作用抑止藻類生長；
6.增進過濾及沈降作用。

溼地可以淨化水質。（圖為知本森林遊樂區的溼地） 楊秋霖/攝

酸雨將使得土壤酸化，進而抑制林木的生長，還可使森林的病蟲害明顯增加，並透過食物鏈進入人體，影響人類健康。

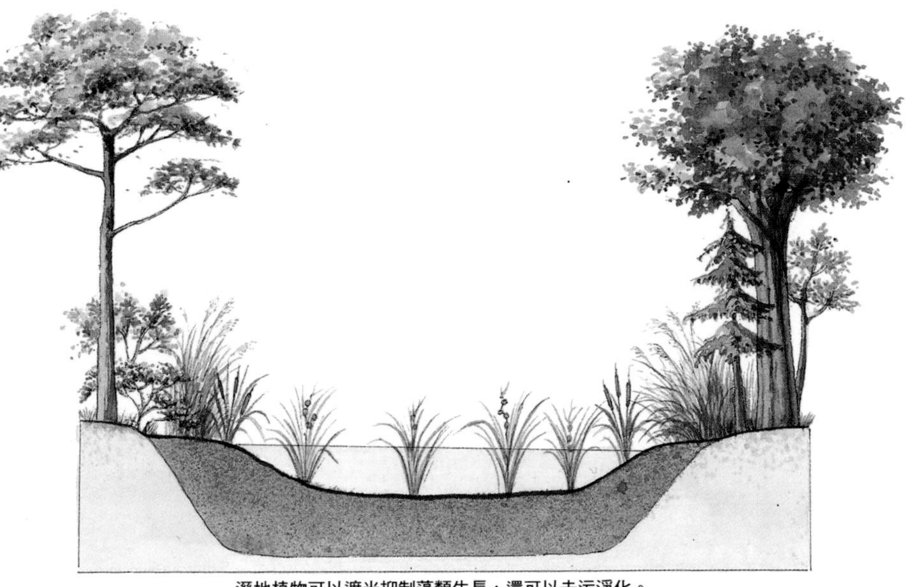

溼地植物可以遮光抑制藻類生長，還可以去污淨化。

森林與「減碳」有哪些關聯？

自工業革命以來，人類廣泛的使用石化燃料，產生大量二氧化碳與甲烷，以及臭氧、氮氧化物、氟氯碳化合物，會吸收大氣層中的熱能，形成溫室效應，使得氣溫升高，造成全球氣候變遷。因此，要改善溫室效應，必須由降低大氣中二氧化碳之排放著手。樹木本身具有光合作用的生理特性，在進行光合作用時，會利用太陽的光能，將葉片吸收到的二氧化碳與根部的水，合成為葡萄糖與氧氣；氧氣會被排到空氣中，葡萄糖則用於維持植物的生長養分，若有多餘的，會儲存在植物的根莖處。這個增加氧氣、降低空氣中二氧化碳濃度的過程，稱為「碳吸存」。林木採伐後做成傢俱、房屋，空出之林地可再行造林，均可固定二氧化碳；因此，森林對於固定大氣中的碳，降低大氣中二氧化碳量有一定的貢獻。

為何需要保育森林中的生物呢？

森林是陸域生態系中結構最複雜、也最優勢而且健全的，對於調節氣候、水文循環具有相當的影響；具有涵養水源、國土保安、遊憩休閒、供給野生動物棲息環境的功能，同時還提供人類各物種的種原基因庫。但反過來說，要發揮森林的功能有賴於森林生態系的正常運作，生物是地球生物演化的基石，對於森林生態的平衡扮演著關鍵角色，若森林中的生物消失，或無法發揮其原有功能，將會導致森林生態系失衡，間接造成森林的衰亡，甚至影響人類的生存。因此保育森林中的生物，維持生物的多樣性是刻不容緩。

生物是地球生物演化的基石，對於森林生態的平衡扮演著關鍵角色。

碳循環

所謂碳循環，是指地球中的碳元素由環境進入生物體內，再釋回環境中的循環過程。環境中能夠被生物利用的碳，主要是大氣中的二氧化碳，大氣中的二氧化碳透過植物的光合作用，固定於植物體內，形成有機碳，再經由食物鏈傳遞進入動物體內；此外，海洋也能貯存大量的二氧化碳。而生物體內的碳則可藉由呼吸作用及分解者的分解再形成二氧化碳，回歸於大氣，形成碳的循環。人類活動如石化燃料的燃燒、砍伐森林，會造成二氧化碳排放量增加，同時造成二氧化碳固定量減少，對碳循環影響至鉅。

為何森林被稱為高效率的清潔公司？

森林裡每年都會產生大量的落葉、枯枝、果實、樹皮等，根據估計，每一公頃森林每年平均產生3~4公噸的落葉，可是，怎麼森林從來也不會被這些枯枝落葉所淹沒呢？原來，這些枯枝落葉會逐漸變黑、腐朽分解、化成粉末，最後被土壤吸收或消逝，而讓樹葉腐朽的，是隱藏在土壤裡的千萬微生物。黴菌的菌絲可以將葉片細胞壁堅硬的纖維素及木質素分解，使得落葉變得薄脆，容易破裂；緊接著土壤中的蚯蚓、蟲子們將落葉咬碎，促進微生物進行分解，或透過蟲子的糞便製造出無機化物質，成為土壤養分來源。這些微生物的運作，讓森林的落葉不會堆積如山，因此，森林又被稱為高效率的清潔公司。

漂流木是哪裡來的？該如何處理？

漂流木的形成多肇因於臺灣集水區中上游屬變質岩地區，地質複雜，岩層強度差，遇上颱風或豪雨便容易產生崩塌，使得林木隨著崩塌的土石流至河道、海灘或農地，而依照森林法規定，漂流木於天然災害後，由當地政府打撈清理，交由農政單位，將具標售價值的漂流木加以標售，不具標售價值的漂流木，則加以掩埋或再生利用處理。漂流木若一個月後政府未及清理註記完畢，民眾可自由撿拾。

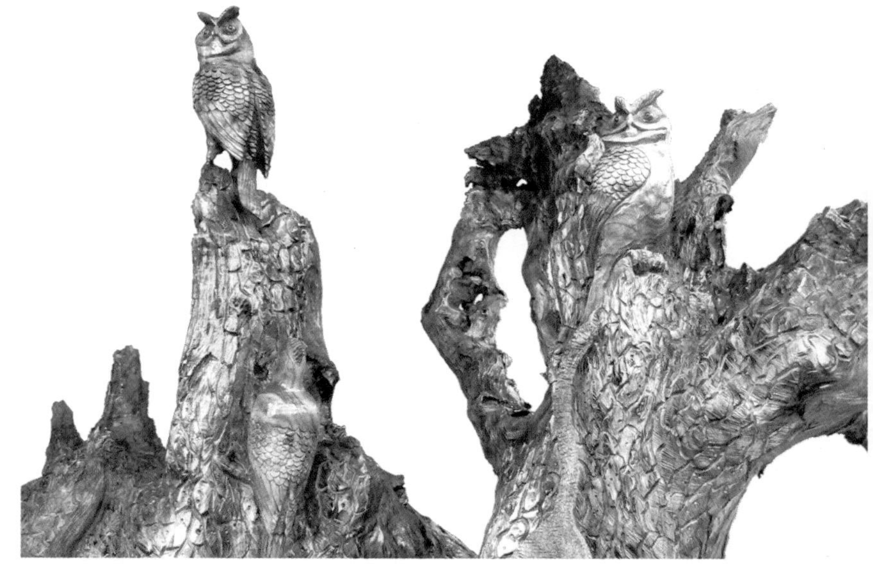

漂流木用途廣泛，利用其材形與材質，也能讓漂流木變身藝術品。 楊秋霖/攝

森林土壤與地被植群不但能供給森林養分，腐植層還可吸收大量水分。 楊秋霖/攝

清理中的漂流木。

森林功能

其他功能

為什麼森林和木材讓人有舒適的感覺？

森林讓人有舒適感是因為：

1.森林中樹木的蒸散作用，讓樹葉不斷地散發出大量的水分，當水分蒸發時，便帶走森林裡的熱能，使得森林益發涼爽。加上茂密的森林，使得太陽無法直接穿透，減少輻射熱，讓森林內格外涼爽舒適。

2.森林中樹木的葉子可以吸收噪音，為森林帶來寧靜；

3.森林中綠色植物有助於舒緩壓力，讓眼睛感覺舒適；

4.森林中的葉子可以吸收空氣中的污物，淨化空氣；

5.森林中許多植物花草會釋放出特殊物質，讓空氣清新。

木材使人有舒適感是因為：

1.木材帶有適度的芳香性物質，這些芳香性質被證明對人體有益，因此在房間中放入具有適當濃度的木材香味，有助於人類消除疲勞；

2.木材吸脫溼的平衡能力，可以使得房間的環境處於一個溼度較適合人類生活的環境；

3.經實驗證明，木材的木質與紋理看似不規則，但潛藏著某種頻率，給人的刺激感較低，能夠消除疲勞，予人「自然的」、「心情舒暢」的情緒。

木材的木質與紋理看似不規則，但潛藏著某種頻率，能夠消除疲勞，予人「自然的」、「心情舒暢」的情緒。

森林中許多植物花草會釋放出特殊物質，讓空氣清新。

芬多精、陰離子（或稱負離子）是什麼？

植物的葉、幹、花會散發出一種揮發性物質，可以殺死空氣中的細菌與黴菌，同時還可以控制一些病原菌，這就是「芬多精」。不同的植物會散發不同的芬多精，殺滅不同的病原菌，使人感覺清新，充滿活力。「陰離子」則是在森林中的溪流處，因溪水碰撞石頭，或瀑布飛濺所產生的水花，懸浮於空中；人體在吸收後有助於全身細胞的新陳代謝，增進血液循環與心臟活力，可鎮定自律神經、消除失眠、頭痛、神經痛、高血壓等問題。

為什麼說樹木是「天然的消音器」？

因為樹木的樹葉可以吸收聲音。森林裡的樹木具有濃密的枝葉，當噪音的聲波通過樹木時，樹葉會先吸收一部分的聲波，使噪音減弱。根據實驗，10公尺寬的林帶，可以減弱噪音30%，40公尺寬的林帶，則可減弱60%；因此，若在馬路兩旁栽種成排的行道樹，濃密的樹冠不僅能遮蔭，還能降低一部分的噪音。此外，鬆軟的土壤或森林中較小植物所形成的自然孔隙，也有助於吸音，因此可以說樹木是「天然的消音器」。

不同的樹木隔音效果會不同嗎？

樹木隔音的效果並不會因為品種不同而有差異，倒是樹葉具有關鍵地位。越高大的樹木、樹木排列密度越高、樹葉生長越茂密，都是減低音量的重要因素。而枝下高較低比枝下高較高的樹木減噪的效果更好。

楊秋霖/攝

樹木的葉片可以吸收一部分的聲波，鬆軟的土壤或森林中較小植物所形成的自然孔隙，也有助於吸音，因此樹木可說是「天然的消音器」。

森林中的瀑布、溪流擁有大量的陰離子，有助於人體細胞的新陳代謝。

楊秋霖/攝

森林浴對人體有什麼益處呢？

很多人以為只要悠閒在森林中漫步，讓植物散發的芬多精，以及林木、溪流產生的陰離子籠罩全身，就是森林浴，但其實森林浴的意義不僅於此。森林浴一詞源自日本，但理論來自歐洲，指的是除將身體交付大自然外，還要配合有氧運動，即所謂三大行動步驟：快步走、深呼吸與靜思冥想，才是真正實踐森林浴的健康概念。森林浴可以鎮定人體自律神經，消除文明病、有助於人體的健康與心靈的平靜。

什麼是綠色音樂、森林音樂？對人類有何影響？

綠色音樂、森林音樂指的是錄製於大自然環境的聲音，包括動物聲響如鳥叫、蟲鳴、蛙唱、猿啼，到風吹樹梢、瀑布聲、溪水潺潺聲、雨聲、潮聲、葉子從枝頭掉落的聲音，松鼠越過林梢的聲音等，所有在森林間可以聽到的聲音。透過這些採擷自大自然的聲音，營造出一種身處森林的自然環境，彷彿走進一座真實的森林，聽著蟲鳴鳥語，感受花草芬芳，呼吸微溼的空氣，感受腳底土地的呼吸。根據研究，綠色音樂可以讓人放鬆身心，尤其身處都市水泥環境中的人們，透過綠色音樂，可以有效降低焦慮、心靈平和。此外，綠色音樂運用在農作物生長與防止病蟲害領域、也有顯著的影響。

赤腹山雀

灰喉山椒(戲子鳥)

黃山雀

林間曼妙的鳥叫聲，是大自然音樂的一環。

森林浴可以鎮定人體自律神經、消除文明病，有助於人體健康。

瀑布水流聲能讓人放鬆身心、降低焦慮、增進心靈平和。

什麼是森林環境療養？

森林裡茂密的枝葉，可以調節林中的氣溫、溼度與氣流，使得日夜溫差小、冬暖夏涼、空氣流通而清爽；樹木行光合作用，可以去污淨化，提供大量新鮮空氣；樹木花草能散發各種芳香物質，有鎮靜、殺菌作用，助於新陳代謝，種種優越的條件都有助於改善神經功能、調整代謝過程，進而提高免疫力，加上森林的整體環境有助於放鬆心情，因此可說是最適合人居的地方。這樣的森林環境對於患有慢性呼吸道疾病、精神官能症或病後的療養都有所助益，除此之外，森林尚有調和的色彩、寧靜的氛圍，因此許多國家的療養院都設於森林中。

為何說木材是住宅的天然加溼與除溼器？

許多人都有這樣的經驗，住在木頭房子裡特別舒適，感覺冬暖夏涼，這是因為木材本身含有多孔性材料之特殊結構，當周遭溼度過高時，木材可以吸收溼氣，當溼度變低時，可以釋放水分，使得周遭環境能保持一定的溼度，讓人體覺得舒適。

木材含有多孔性材料之特殊結構，可以自動調節乾溼，讓人體覺得舒適，因此木造的房舍，格外乾爽舒適。

森林的整體環境有助於放鬆心情，還擁有調和的色彩、寧靜的氛圍，因此許多療養院都設於森林中。

你不知道的
森林與人。

森林與人

森林與人的互動

人類文明的演進與森林有關嗎？

森林對人類文明演進扮演著極為重要的角色，人類的食、衣、住、行、育樂直接間接都來自森林，其中尤以造紙的發明與烹食發現影響最深。在紙尚未發明前，古代人類以石頭、磚頭、樹葉、樹皮、蠟板、銅、鉛、麻布和獸皮、羊皮、竹片、竹簡、絹帛，將文字記錄下來。西元105年，中國東漢蔡倫在前人利用廢絲綿造紙的基礎上，加入樹皮、麻頭、破布、廢魚網等原料，成功地製造了一種既輕便，又經濟的紙張，從此改變人類文明。由樹木為主要原料製造的紙，成為人類文明的紀錄載體，與知識教育流傳的關鍵。而古代燧人氏利用鑽木取火，使得人類由生食跨入熟食，對文明的演進亦扮演著重要角色。著名的古文明發源地底格里斯河與幼發拉底河，兩岸都是森林密佈，亦因有富饒的沖積層土壤，造就豐饒的農作物，而有世界穀倉之稱，更成為偉大文明發祥地，和文化的搖籃。但隨著兩河流域上游的森林遭受破壞，水源無法保持，導致氣候惡化、農作欠收、災害頻仍，最後千年文明古國走向衰敗，成為歷史遺跡，足見森林對人類的重要性。

臺灣史前的長濱文化人已知燃木材燒烤熟食。

紙的發明，改變人類的文明史。

從生活的供給者到心靈的滋養者，森林對人類文明演進扮演著極為重要的角色。

早期人類依山傍水而居，日常生活多半取自森林，漸次發展出文明。

什麼是森林文化？

所謂森林文化，是人類在謙和、感恩以及與自然共存共榮的意念下，憑依森林的循環規律，保育森林、善用森林，並期望能貢獻於社會人群的生活與文化需求，為此投注的智慧、努力，及其建立的技術、典章、制度，以及所導引出來的行為或生活方式。

森林對人類生活有哪些影響？

自古以來，人類就和森林發生了密切的關係。在中國歷史傳說中，燧人氏鑽木取火，神農氏鑽木為耜，揉木為耒。進而架木為巢，以安居，穿著樹葉，以避寒冷，採取林中野果充飢，造舟車以利行動。舉凡食衣住行，無不依賴於森林。時至今日，人類生活仍深受森林的影響。如森林的主產物木材，可作為人類居住的房屋、傢俱、車輛、橋樑、通訊電桿、農工器具、樂器、運動器材，以至於和文化具有密切關係的紙張等，多是以木材為主要原料。人類的文明可說完全建築在木材上，從出生的搖籃到年老後的手杖，木材幾乎是我們不可須臾或離的必需品。森林直接供給人類生活必需的木材和各種副產物；間接又具有多種水土保持與公益的效用。一個完備的森林生態系具有美學上、藝術上、景觀上、文化上、心理上、教育上等難以計量的價值，對於國計民生的影響既深且鉅。假如說地球是人類的搖籃，那麼，森林便是人類的保母。

人類的文明可說完全建築在木材上。

森林資源循環利用圖

吳順文/繪

臺灣原住民有哪些常用的民俗植物？

原住民常用的民俗植物多半是在原住民生活環境中，隨手就能取得的野生植物；而民俗植物的使用可以反應出各民族的食衣住行及其文化特徵，因此，從各民族所使用植物種類的差異，可顯示出不同的民族特色。許多早期原住民利用的天然植物，也慢慢發展成為經濟栽培作物。一般而言，原住民將民俗植物運用在幾個方向：

1. 主食與經濟作物：如山蘇、樹薯、桂竹、芭蕉、米豆、樹豆、紅梗芋、小米、甘藷、箭竹、刺蔥、山胡椒(馬告)等等。
2. 衣著、住屋等日常用品：早期阿美族人以箭竹、泰雅族人以桂竹來築屋；泰雅族將苧麻抽絲編織衣物；以樹薯為染料、以無患子作為天然清潔劑；拿黃藤來製作傢俱、以芒萁編織提籃；用大丁黃來製弓、以玉山箭竹作箭；達悟族則利用各種林木來製作拼板舟與搭建房舍等。
3. 祭祀：小米、生薑、檳榔、檳榔葉、香蕉葉及避邪用的榕樹葉、蘆葦、芭蕉葉等。
4. 藥用：以樟樹提煉的樟腦油，可以用來塗抹驅蚊與蚊蟲咬傷；山胡椒果實用來解宿醉；決明子可以明目；金狗毛蕨的葉柄用來止血等。

苧麻與麻線。

芒萁可編織提籃。

小米是原住民的主食。

原住民食物多半取自大自然。

以苧麻為編織、以植物為染料。

以竹造屋。

以林木製作拼板舟。

哪時候開始有植樹節？

每年的3月12日，是我國的植樹節，但你知道植樹節是怎麼來的嗎？植樹節最早是某些國家為了激發人們愛林和造林的情感，藉以促進國土綠化、保護賴以維生的生態環境而制訂的節日。全世界最早制訂植樹節的是美國的內布拉斯加州，於1872年首開先例，將4月10日訂為該州的植樹節，並在1932年發行世界首枚植樹節郵票，畫面就是兩個兒童在植樹。民國三年，南京金陵大學農學院創辦人裴義理，首度引進美國植樹節概念，國父孫中山先生亦深知造林的重要性，曾特別指出：「造林是民生建設的首要項目」，因此，為紀念國父遂將國父逝世紀念日訂為植樹節。根據聯合國統計，目前世界上已有超過50個國家設有植樹節，但由於各國國情不同，植樹節在各國的稱呼和時間都不盡相同。例如，法國稱3月31日為全國樹木日；加拿大5月為「森林周」；日本則將4月1~7日訂為「樹木節」和「綠化周」；美國植樹節為4月的最後一個星期五；英國以11月6~12日為植樹周；印度以7月的第一周為植樹周等等。

一株樹苗，一個希望。

植樹節在各國的稱呼和時間都不盡相同，我國的植樹節為每年的三月十二日。

目前全世界已超過五十個國家設有植樹節。

植樹節的由來是為了激發人們愛林和造林的情感，藉以促進國土綠化、保護賴以維生的生態環境。
楊秋霖/攝

森林可以陶冶性靈嗎？

森林環境的美並不侷限於景觀上、生態上的，也有意識情境上的。遠離塵囂、脫離工作壓力是低層次之感覺；接近森林，體驗大自然的氣氛籠罩，達到神經鬆弛、身心平衡是更進一步的體驗。由於森林環境中之不同形貌令人有不同之感觸，如登高山，眺望遠山，令人心胸暢快，充滿開朗、鼓舞、進取；處於封閉之山谷溪畔則令人充滿幽靜、雅致、閒適感。因此進入森林中可以有不同的生活體驗，這個體驗可能是安靜、祥和，也可能是新奇、冒險、刺激，這就是更高層次之追尋。透過不同層次的追求，進而浸淫其中，自然就能達到陶冶性靈、追尋更高層次的創意靈感，這是人與自然共存共榮之感。

哪些森林遊憩行為或活動，會對野生動植物造成影響？

森林環境裡擁有大自然的芬芳、調和的色彩、寧靜的環境，適合發展賞鳥、賞蝶、健行、登山、野餐、露營、森林浴、戲水、賞雪、環境研究等遊憩活動。但森林遊憩必須建立在與自然的協調中。任何從城鎮帶來的活動除非能融入自然，否則均不是理想的活動型態，如喧囂、任意破壞採摘植群、任意踐踏土壤、溪邊烤肉、引火炊煮、引入外來種、或於森林中大興土木，營造非自然功能的活動如卡拉OK等，都會對野生動植物造成影響。

透過不同層次的追求、浸淫，能達到陶冶性靈、追尋更高層次的創意靈感，達到與自然共存共榮之感。

楊秋霖/攝

阿里山森林火車從早年的運材功能，轉至今日的遊憩功能。

什麼是無痕山林？(Leave No Trace, LNT)

「無痕山林運動」是起源於美國的無痕旅遊概念。1960年代，美國大眾在登山、健行、露營等活動的遊憩使用率大增，造成許多遊憩據點地表植物的損害和消失，更甚者不但土壤被侵蝕、樹木的成長受影響，動物的生態及棲息地也遭到破壞而被迫縮小或遷移。美國因而在1980年起發起無痕旅遊的行動概念，全面推動「負責任的品質旅遊」，教導大眾對待環境的正確觀念與技巧，提醒大眾對所處的山林環境善盡應有的關懷與責任，以儘可能減少衝擊的活動方式與行為，達成親近山林的體驗。臺灣於2006年開始推動「無痕山林運動」，發表「無痕山林宣言」，藉由臺灣環境關懷運動，讓山林的愛好者在親炙土地的同時，不致對山林環境造成衝擊，並由七大準則著手：

1.事前充分的規劃與準備；
2.在可承受地點行走宿營；
3.適當處理垃圾維護環境；
4.保持環境原有的風貌；
5.減低用火對環境的衝擊；
6.尊重野生動植物；
7.考量其他的使用者。

無痕山林是讓山林的愛好者在親炙土地的同時，亦能不對山林環境造成衝擊。

無痕山林運動，就是一種負責任的品質旅遊。

木材對人類有哪些貢獻？

當我們環顧四周，會發現我們的生活高度依賴木材，從食衣住行到育樂，無一不與森林相關，而木材更是扮演著舉足輕重的角色。人類對木材的使用可分為兩大類：作為工業原料，森林供給人類各種原料，作為建造房舍、製作傢俱；生活器具、運輸工具；休閒娛樂用具、樂器等之用。其中紙的創造發明，更開啟人類文明發展。在燃料上，遠古時期因鑽木取火的發現，改變了人類的飲食方式、並提供人類取暖的功能，讓人類文明向前推進一大步；時至今日，木材在許多國家仍是供熱與煮食的主要能量來源之一。

以林木建造房舍。

原住民以林木雕刻出風格獨具的木椅。

在傳統社會，日常生活裡隨處可見木製器具。

木頭雕製而成的床。

樟腦在臺灣的歷史地位？

樟腦、蔗糖、茶葉，被譽為昔日的臺灣三寶。臺灣的樟腦製造發展的很早，清末臺灣的政治人物，如霧峰林朝棟就是以經營樟腦致富；到了二十世紀初，臺灣即擁有「世界第一樟腦出口國」的稱號，產量曾佔全世界80%。咸豐末年(1860)，製腦原屬清朝政府專賣事業，直到遭到英國的壓迫才廢除，讓外國人能自由買賣樟腦。光緒11年，劉銘傳擔任首任臺灣巡撫時又恢復專賣制度，後因英國抗議而改為課稅制。日治時期設立樟腦局，實施樟腦專賣制度，訂定樟腦砍伐、保護與造林計畫，獎勵民間大量種植，奠下臺灣樟腦事業經營基礎。1930年代，世界賽璐珞工業興起，連帶使得樟腦用途大增，成為臺灣財政四大歲收之一，直到第一次世界大戰，日本發動太平洋戰爭，才使得臺灣樟腦銷路日趨衰減。光復後，樟腦事業由政府公賣局經營之臺灣樟腦廠接手專賣，直到1967年因經營不善，結束營業後才開放樟腦加工，准許民間投資。

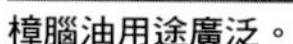
樟腦油用途廣泛。

樟木片。

清朝的戰船用哪些木材製造？

清康熙29年(1690)，清朝於臺灣設立造船廠，採伐內山樟木與中國所產杉木作為造船材料，其中樟木以桅舵為主，其餘多用杉木。當時臺灣北自淡水、南到恆春，均為官有，清同治6年(1867)，更於蘇澳興建具蒸汽動力的鋸木場，製板供應福州造船之用，蘇澳亦因此而繁盛一時。

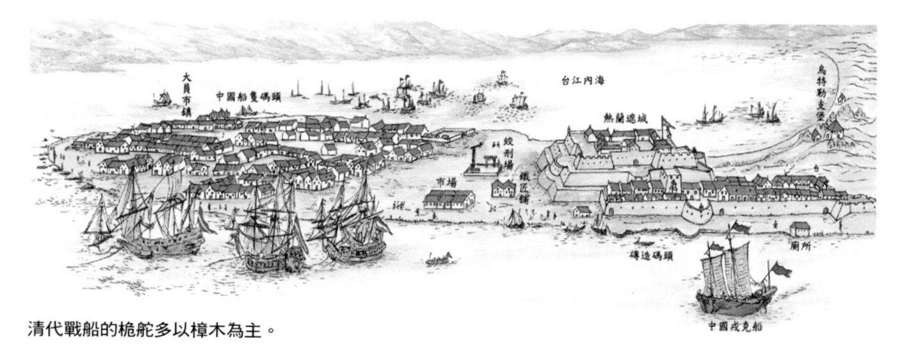

清代戰船的桅舵多以樟木為主。

樟樹，昔日被譽為臺灣三寶之一，具有重要的歷史地位。

楊秋霖/攝

臺灣最早興建的森林鐵路是哪一條？

阿里山森林鐵路興建於民國前八年，是臺灣最早興建的森林鐵路。當時臺灣總督府計劃開發阿里山森林，為運送木材，規劃興建鐵路。民國前六年動工，民國元年十二月嘉義至二萬坪正式完工通車，全長66.6公里。後隨森林開發業務發展之需要，延展至阿里山並逐漸增設支線，最後總長達113公里，隧道62座，橋樑共387座，最大坡度6.25%，最小曲徑40公尺。其中部分支線於作業完畢時先後拆除，本線及主要支線仍保留使用，嘉義至阿里山營業路線長約71.4公里。

阿里山森林鐵路分平地及山地兩線段。自嘉義至竹崎長度14.2公里，地勢平坦為平地線，曲徑及坡度均極為正常，取小曲率半徑160公尺，坡度最大為百分之二。自竹崎至阿里山長57.2公里，因山巒重疊，地勢急陡，為山地線，因山形急峻，為遷就地形，在獨立山一段長約5公里，須環繞三週如螺線形盤旋至山頂。當迴旋上山時，在車上可三度看到忽左忽右的樟腦寮車站仍在山下，然後再以「８」字型離開獨立山。而自屏遮那站第一分道後，鐵路以「Z」字形曲折前進，經過三個分道時，火車時而前拖，時而在後推而至阿里山，因而有「阿里山火車碰壁」之稱。阿里山森林鐵路由海拔30公尺的嘉義市升高到2.216公尺的阿里山，沿途可觀賞到熱、暖、溫三個森林帶植物種類變化及山脈、溪谷的美麗景觀。

興建於民國前八年的阿里山鐵路，是臺灣最早的森林鐵路。

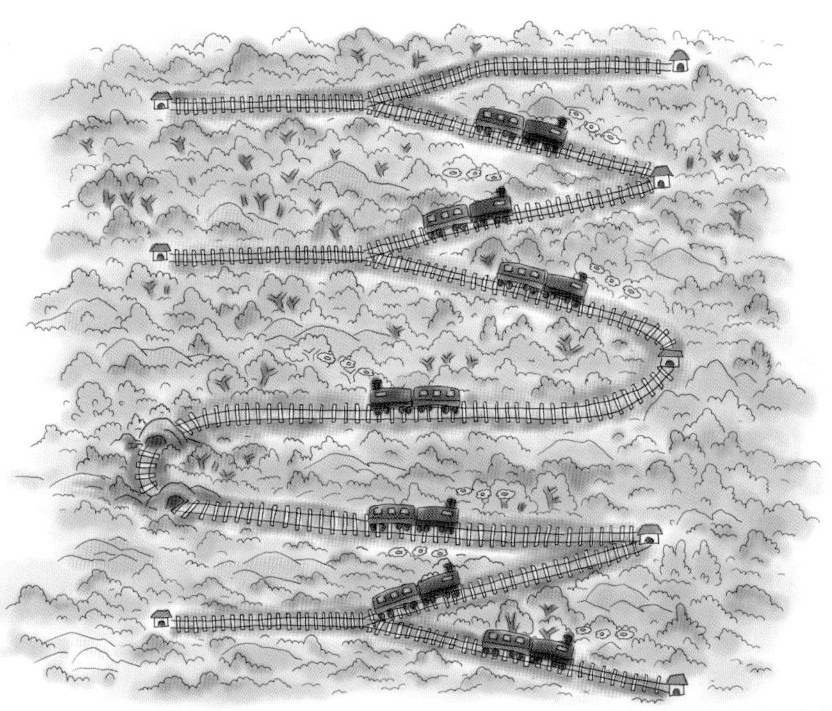

阿里山鐵道以Z字型蜿蜒爬升。

阿里山火車站內的老照片，見證阿里山昔日的輝煌林業歲月。

臺灣早期的運材工具有哪些？

臺灣早期運材工具包括：河流、索道、木馬、蹦蹦臺車、鐵道，與卡車。

河流：直接將砍伐下的木頭丟入河流，流至山下。

索道：架設空中索道，直接將木材綑綁好，經由索道滑到山下集木場。

木馬：早期臺灣民營伐木事業，多半以木馬運材。在山坡上以每隔0.4至0.6公尺的距離，將一根小圓木橫置路面，有如枕木，稱為盤木，然後以木馬裝載木材運送下山。

蹦蹦車：即簡便的臺車道。因臺車運行中會不斷發出蹦蹦聲，因而又稱為「蹦蹦車」。

鐵道：除阿里山鐵路外，日治時期，陸續於太平山、八仙山、林田山、木瓜山一帶興建山地鐵路，作為運材工具。但多屬軌距為762mm的窄軌鐵路。

卡車：因鐵道運輸成本昂貴、維修困難，遂由卡車取代森林鐵路成為山區最主要的運材工具。

臺灣哪些地方是因林業興起？

日治時期，日人發現臺灣山區蘊藏珍貴樹種，遂開始臺灣林業大量開採時期。其中最著名的為三大官營林場：阿里山、八仙山與太平山，隨後，又開放日本民營，陸續於花蓮林田山、木瓜山一帶；新竹大湖區及大安溪上游；二八水(即二水)；烏來等開發森林，使得這些地方因林業而興盛一時。

阿里山集材機。

日治時期太平山森林鐵道木材集中地。

木馬是每隔一段距離，將一根小圓木橫置路面，再將木材捆妥於木製平臺車上運送下山。

索道，可直接將木材綑綁好，滑到山下集木場。

日治時期運材臺車。

早期的蒸汽火車車頭。

森林小博士

臺灣林業伐木流程

1.伐木作業

依照該年度的伐木預定案，選定伐區以及材積。伐木工具早期為手斧、手鋸，1950年後大多改為鏈鋸作業。

3.轉材、集材

將散置各伐區的原木逐段集中。作業工具或設施有鶴嘴鍬、轉材鉤、土滑道、木滑道、木馬(橇)道等。

2.造材作業

將伐倒木削去枝節、檢尺、長材截短(每兩公尺)、大材胴割，以利裝運。

早期蒸汽集材機，集材至軌道邊待裝車。

4.架線集材

將伐區內所有原木以人力或機械轉移到架空集材線下方。架空集材線有多種架線方式，基本是於設立的主柱與尾柱間，張設架空鋼索，安裝承載搬器，經滑輪及收放兩曳索操作載材搬器之上下進退，將原木曳向集材主柱下方裝車盤臺或運材道邊。

5.裝車作業

路邊設置裝材架空索道或行動吊車，吊取盤臺或路邊的原木，放置到載材車(組成列車駛行於山地軌道，以動力機關車曳運至土場)或運材卡車(行駛林道直接抵達貯木場)。

山地火車運材，過溪谷處必須構建高架橋樑。

6.山地運材

因為地形限制與道路設施不同，載運方式不一：(1)最早期運材是將伐區原木轉材或滑行到溪邊投水，順流而下，稱做「管流」。(2)沿著山邊設施短距離木馬路，載材於橇具，以人力操控順坡而下。(3)環山沿坡設施山地軌道，載材於臺車，組成列車以小型機關車曳行；若因地勢陡峭瀕臨斷崖，則設施運材架空索道或伏地索道，每臺材車單放至下段線軌道，組成列車繼續運材，抵達土場。

7.土場作業

山地軌道運材至土場後，將列車載材傾卸於路邊或盤臺，以備換裝於平地運材載具。

8.平地運材

平地運材設施，有森林鐵路如太平山、及八仙山林場，有卡車林道如巒大山林場，望鄉山先是臺車軌道運材，後改為林道卡車運材。

9.作業機具之演進

二次大戰期間，作戰及運兵工具精進，內燃機械性能大增，臺灣林木的集運裝卸均由外燃機（蒸氣）改為內燃機（汽油、柴油），甚至電力作業。

10.貯木作業

運材車駛抵市鎮的貯木場驗收，操作卸材、整堆、以待標售或運送製材工廠。

臺灣開發史上三大林場是哪三座？

臺灣盛產天然林，其中紅檜、香杉、臺灣杉、臺灣肖楠、臺灣扁柏，號稱臺灣五木。日治時期，為了開發臺灣豐富的森林資源，日本陸續在臺灣設立了三大林場，分別是宜蘭的太平山、臺中的八仙山，以及嘉義的阿里山。其中，以阿里山林場開拓最早，在大正元年(1912)就開始生產；其次為八仙山林場，於大正四年(1915)開始生產；大正五年(1916)太平山林場加入生產。以林場的面積和總出材量來比較，排名依序是阿里山林場、太平山林場、八仙山林場。三大林場伐木種類以高山針葉林為主，如紅檜、臺灣扁柏等，現今日本明治神宮的鳥居木材就是採自臺灣丹大林區的檜木。

臺灣有哪些地名與林業有關？

早年的移民拓墾時，大多闢林以建屋，或是緊鄰森林而居，因此許多聚落的命名常與林業相關。大約可分為：

1.地名含「林」字。如林口、茂林、秀林、二林、柑林、坪林、林子尾等。

2.以「樹種」作為命名依據。其中「茄苳」多達18處，還有如，老梅、九芎、莿桐、楓樹、苦苓等。

3.以「竹」字為名的地名多達113處，最常見的有竹圍子、竹圍、竹林、竹坑、新竹、路竹等。

4.以早年臺灣最具經濟價值的森林野生動物「鹿」為名。全臺有63鄉鎮市的行政轄區以鹿命名，如新竹鹿寮坑、臺南鹿耳門等；而以「鹿」字命名的更是不勝枚舉，如鹿港、鹿谷、鹿野、鹿林等216處。

5.以臺灣最具歷史意義的經濟樹種「樟樹」為名。如臺北的樟樹湖、汐止的樟樹灣、石碇的樟空子、名間的樟樹腳、關西的樟腦寮坑等。

6.以「森林產業」為名。如鶯歌的茶山、雙溪的料角坑、陽明山的磺嘴溪等。

日治時期阿里山森林鐵道。

阿里山森林鐵路全程經過62個隧道，387座橋樑。

太平山是昔日三大林場之一。

游福連/攝，林務局

哪些樹種在日常生活中最廣泛被利用？

臺灣貴重的針葉五木——臺灣扁柏、紅檜、臺灣杉、香杉、臺灣肖楠，以及闊葉樹的樟木是臺灣的重要經濟樹種，也是日常中最被廣泛運用的樹種。

臺灣貴重針葉五木是日常生活中最被廣泛運用的樹種。（圖為板橋林家花園的木造建築）

1.檜木：臺灣扁柏與紅檜在臺灣合稱為檜木類，曾經是最優良的經濟樹種。檜木樹形巨大、直徑粗大、材質強韌、木肌細密、木理及色澤優美，耐腐性特強，又具有芳香與柔和觸感，屬上等建築用材、傢俱用材。

2.臺灣杉：木材邊心材、春秋材及年輪明顯，木理通直、耐蟻性極強，加工易，可供建築、製作傢俱用。

檜木桶

3.香杉：木材邊心材、春秋材明顯、年輪時寬時窄、木理通直均勻、木肌精緻、密度小、耐蟻性強，加工易，可供建築與棺木使用。

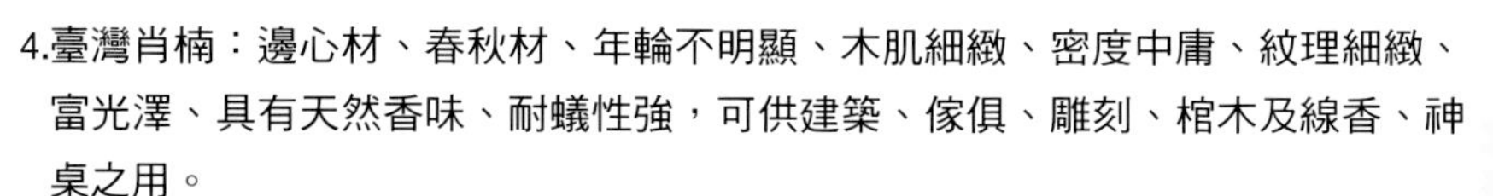

4.臺灣肖楠：邊心材、春秋材、年輪不明顯、木肌細緻、密度中庸、紋理細緻、富光澤、具有天然香味、耐蟻性強，可供建築、傢俱、雕刻、棺木及線香、神桌之用。

5.樟木：邊心材區分明顯，材質較檜木為堅，有樟腦氣味，能防蟲蛀，適於做衣箱、衣櫃、雕刻及建築等用途。

森林的開發會影響生態保育嗎？

不當的開發天然林或變更林地，當然會影響森林的生態保育。森林若遭濫墾轉作農地，最嚴重時將退化至荒地，面臨重新演替的漫長過程；森林中的生物也將因棲地遭到破壞，逐漸減少或被迫遷移，對整個森林生態系的平衡將產生莫大衝擊，連帶也會影響森林的功能。相反地，森林若經妥善分區分級，規劃後依不同的條件施業，對森林生態系不但不會造成干擾或破壞，還能達到更新的作用。

若將森林妥善分級運用，對森林生態系不會造成干擾或破壞，還能達到更新的作用。

臺灣的檜木會消失嗎？

近年來政府積極進行紅檜造林，以減緩檜木林的消失。 楊秋霖/攝

全世界的檜木類僅產於三處：日本、臺灣與北美。根據統計，臺灣原有的天然檜木純林總面積大約有10~11萬公頃，日治時期與民國四、五十年代大約砍伐了50%，大多集中於西部山區，東部檜木林保持較為完整。自民國79年政府已全面禁伐天然檜木林。近年來，更陸續以造林方式回造約25%檜木林，並透過立法，劃定國家公園、自然保留區、國有林自然保護區等，來保護檜木林禁止開發，以減緩檜木的消失。雖歷經砍伐，但仍有許多紅檜巨木林散置於國有林班之深山，成為臺灣具全球獨特性的檜木巨木群景觀。除了阿里山、拉拉山等生態環境教育與展示之必要外，檜木巨木群並不宜全面公布，因為減少人類的干擾，就是保護檜木巨木最好的方法。

竹子對臺灣早期產業文化有何影響？

清代各地築城垣，多為植莿竹以為護衛；先民來臺居住，竹楨屋的主樑、厝頂通常用竹子為棚蓋，牆壁格檔亦用竹楨塗抹漿土、石灰等；竹轎為清代旅行村落常見的交通工具，穿越溪流則藉助竹筏濟渡客貨。而在日治時期，生筍與筍乾就是當時最重要的農產品之一，大量外銷至日本與中國華南地區；竹製品則多輸往日本、美國。第二次世界大戰之後，國際市場對東方竹製品的需求日益增加，當時臺灣外銷產品以原竹、竹竿、釣竿、傘柄、竹藝飾品為大宗；連帶所及，當時臺灣從事竹藝加工者多達兩萬人，其中又以臺南關廟最盛，全鄉有一半以上的人口從事竹藝工作。在內需上，由於戰後臺灣農業恢復迅速，各種農具的需求量也增加，帶動了竹材產業的發展。到了民國七〇年代左右，為因應臺灣竹製品加工技術的提昇與出口成長，政府輔導竹材加工業的發展，如設立竹材加工區、開發竹材加工機器、設立美術工藝科培養人才、舉辦研習提升業者的技術，並先後在竹山、草屯、關廟、鹿港、布袋等地，成立竹材加工技術訓練研究，培育竹材加工技術人才，是臺灣竹材產業的鼎盛期。

桃園忠烈祠使用珍貴的檜木建造成。

早期先民來臺，多以竹子製作傢俱。

梅花鹿為何絕種？

梅花鹿是臺灣最具代表性的野生動物。早期，梅花鹿在臺灣是很常見的動物，普遍分布於平地與低海拔丘陵，與臺灣的文化、歷史、經濟有著密不可分的關係。早期平埔族人仰賴梅花鹿肉、鹿皮、鹿脂維生；十七世紀荷蘭人佔領臺灣後開始從事鹿皮貿易，全盛時期一年可以生產十萬張以上的鹿皮，成為當時重要的經濟產業。但也由於過度濫捕以及開發，導致棲地遭到破壞，梅花鹿的數量逐年減少；1969年，臺灣最後一隻野生梅花鹿在臺灣東部死亡，此後，臺灣野生梅花鹿完全滅絕。

已經在野外絕種的梅花鹿曾經是臺灣最具代表性的野生動物。

楊秋霖/攝

臺灣先住民獵捕梅花鹿為食。

早年梅花鹿為平埔族人主要獵物。(《諸羅縣志》「番俗圖」，狩獵。)。

你不知道的森林經營管理。

1 森林資源調查
2 森林培育與管理
3 森林的利用
4 森林遊樂及自然教育
5 森林護管與保育

森林經營管理

森林資源調查

為什麼需要調查及監測森林？

森林是國家重要的天然資源，也是環境永續的指標之一，因此除了森林面積與林木蓄積之外，還必須掌握林木的生長與枯損、生態系統的健康、森林碳匯量(二氧化碳吸存量)、公益效能與價值評估、以及依附森林所生存之野生動植物現況等。另森林的組成與結構並非一成不變，隨著環境的變遷與時間的演替，呈現動態的變化過程，因此持續及有系統地透過樹種組成、林木生長、以及外在環境等相關數據的蒐集與分析，可以使我們更加了解森林，預測森林資源未來可能的趨勢，作為生態系經營之參據。

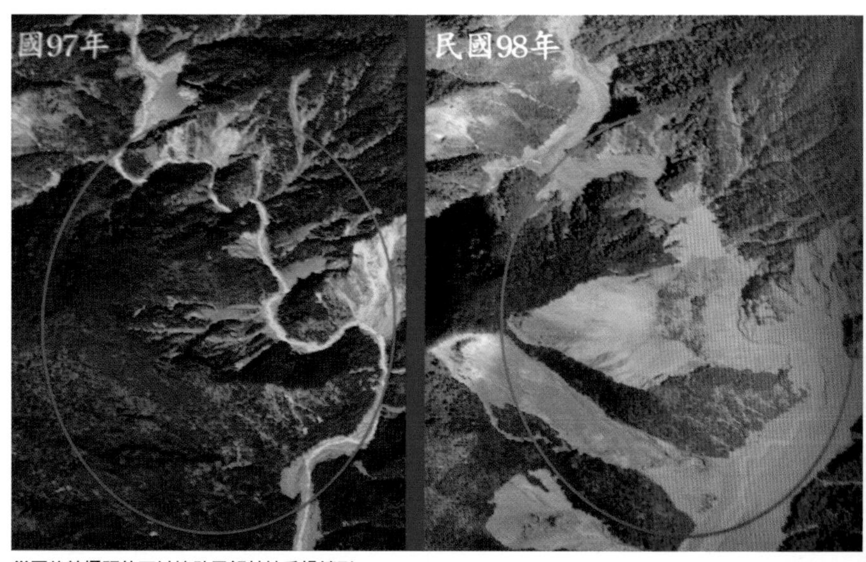

災區的航攝照片可以協助了解林地受損情形。

森林是國家重要的天然資源，也是環境永續的指標之一，定期森林資源調查，可掌握森林環境發展概況。

調查森林有哪些方法？

森林資源的調查方法依據調查目的與調查範圍的空間尺度而有所不同。例如配合小區域經營作業的需求，可以採用實地測量與每木調查的方式，掌握其面積及範圍內每株林木的種類、株數、胸徑、高度等資訊；然而對於區域性甚至全國性的森林資源，則通常須藉由適當的取樣設計與統計，甚至於與航測與遙測技術結合，才能獲得所要的資訊。林務局目前正在辦理的第4次全國森林資源調查，即是透過系統取樣的方式，不畏地形險阻，在全島山區佈設3500處調查樣區，再結合航照判釋樣點，對全島森林進行最綿密的調查工作。除了空間尺度上的分布外，瞭解森林在時間梯度上的變化，也是重要的課題，可以長期在同一地點進行更細微的觀察，以掌握森林中不同樹種族群間的動態變化。

目前林務局在台灣選擇了8處具代表性的森林，建立森林長期動態樣區，每個樣區中的林木無論大小，只要胸徑大於1公分，就必須紀錄其種類、大小與位置，並定期複查。其中位於台北與宜蘭交界的福山，以及南投的蓮華池，是兩處面積最大的樣區，其面積均達到25公頃，在與林試所及相關學術單位共同努力下，目前已經記錄了35萬株以上林木的資訊，並以5年為週期持續複查中。相關調查成果透過國際間的合作交流，已納入美國史密斯松寧熱帶研究中心CTFS全球研究網路中，對於全球森林生態比較研究以及提昇我國學術能見度極具意義。

調查森林的結果可以用在哪些地方？

以往森林資源調查的主要目的在於木材的生產與利用，因此調查內容多著重於森林的面積與林木的蓄積，成果則多作為編擬伐採與更新等經營計畫之用。然而隨著社會經濟發展以及對環境保護觀念的提升，森林資源經營已從過去追求經濟效益，逐漸轉變為兼顧社會、經濟、與生態的多目標經營模式，並朝向永續經營的理想為準則，因此資源調查的目的不再偏重於木材的生產與收穫，藉由資源調查的成果，可以作為森林對社會、經濟、與生態貢獻評估，以及國家環境永續指標與綠色國民所得（GGDP）的重要參據。此外，隨著人為溫室氣體排放所造成的全球暖化問題日益加劇，森林吸收與貯存二氧化碳的碳匯功能開始受到重視，因此森林的健康以及碳匯能力也就成為森林資源調查另一個主要目的，其相關數據除作為國家國土與林業政策依據外，還必須與國際的資訊交流，目前已經有許多國際公約與相關國際性組織要求各國應該定期提供有關該國森林及環境資源現況之資訊。

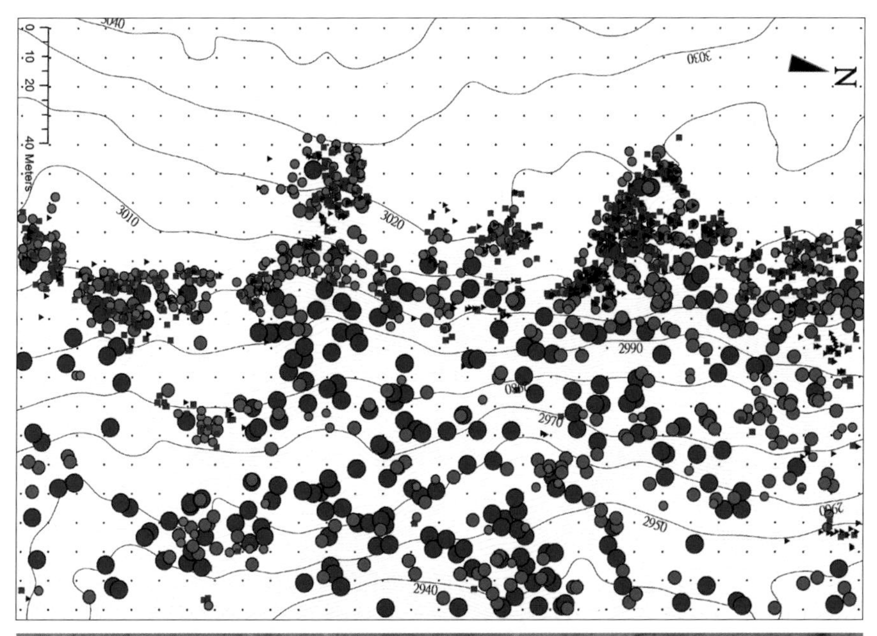

林務局於合歡山設置六公頃臺灣冷杉動態樣區，透過動態樣區設置及複查工作，瞭解分析林木空間分布及森林遷移動態。（上圖為樣區內所有樣木個體分布情形，圓點大小代表不同胸徑大小之樣木分布。下圖為樣區航照圖。）

衛星科技可用於森林經營嗎？

可以，事實上從1972年美國發射第一枚地球資源衛星開始，對地表資源的探測就是人造衛星的主要任務之一。利用衛星涵蓋範圍廣以及週期獲取資訊的特點，可以迅速獲取較宏觀的地表資訊，協助人類克服現場調查的地形阻礙，也可大幅的減少調查時間與成本。除此之外，由於衛星遙測所利用之光譜範圍遠大於人類肉眼所見，再加上植物對光譜中不同波段吸收與反射的差異特性，可以用來偵測在外觀上難以察覺的林木健康情況的改變，因此可以說衛星科技是森林資源調查的利器。近年來，隨著科技的發展，衛星影像的解析度也不斷提高，諸如IKONOS、QuickBird等解析度高達1公尺以上的衛星均已相繼投入商業運轉，我國於2004年也發射了第一顆自主的遙測人造衛星「福衛二號」，其空間解析度可達2公尺，每日可經過台灣上空兩次，再加上近10年內美國將載有中解析度成像分光輻射度計MODIS（Moderate-resolution Imaging Spectroradiometer）的Terra與Aqua衛星發射，為資源分析者提供了更多與更有用的波段頻道，甚至於可監測及評估地表植被之光合作用情形等，相關的技術與應用正不斷發展中。

如何調查、監測森林中的野生動物？

野生動物棲地環境與森林息息相關，野生動物的調查與監測方式會因為目的與對象而有所不同。一般而言，野生動物的調查與監測多以容易收集活動跡象或聲音之大型哺乳類、鳥類及兩棲類為對象，監測方式多採蒐集動物痕跡或自動攝錄活體影像、實施長時間定點自動錄音方式，並利用衛星時間比對方式結合GPS定位資訊，建立具有音像資訊的地理資訊資料庫，擴大調查資料蒐集面。此外，藉助專業機關或學校研究機構，進行音像資訊判讀及分析，獲取客觀而精準的動物數量、棲地利用及時空分布數據，作為野生動物保育與經營管理重要資訊。

透過安裝於森林內的自動攝錄系統可以監測野生動物的活動。

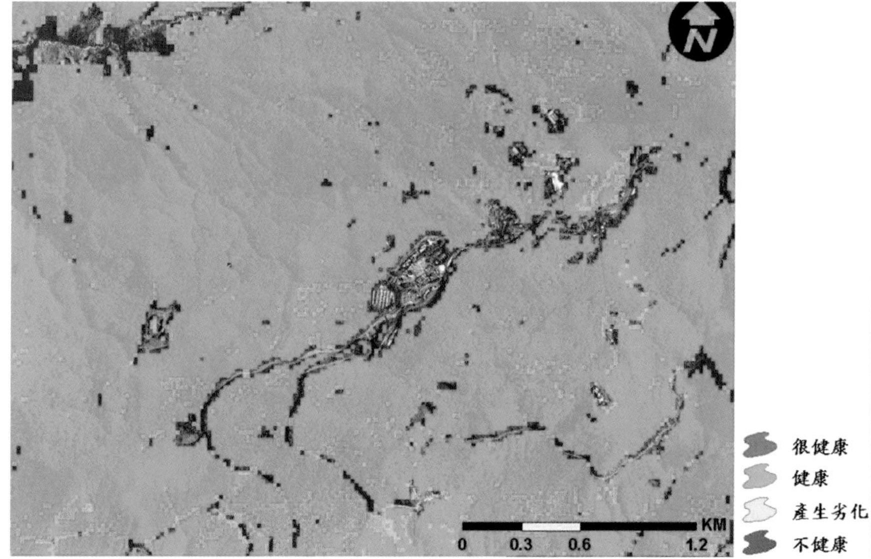

應用衛星影像常態化差異植升指標(NDVI)，分析阿里山森林遊樂區之森林健康情形。

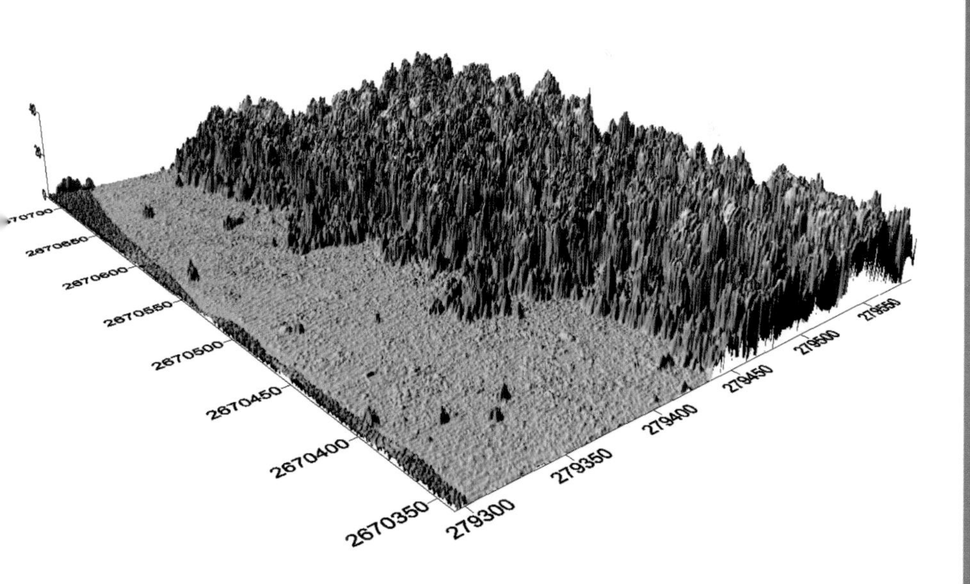

以空載光達點雲資料建立合歡山地區冷杉林之林分結構。

森林經營管理

森林培育與管理

為何需要造林？

森林是地球最重要的自然資源之一，也是環境保護的最佳屏障。隨工業的興起，與資訊時代之發展，使得全球森林面積逐漸減少、氣候快速變遷、環境失衡和物種絕滅，成了未來人類生存環境需要面對的嚴苛挑戰；造林則是回饋自然的方式，透過造林才能加速完成森林覆蓋，讓珍貴的綠色資源得以生生不息。隨著社會環境的變遷，臺灣森林的角色也由經濟生產造林，逐漸轉為應用生態原則從事造林，著重於森林在水源涵養、國土保安、自然保育、森林遊樂、環境舒適等效益，因此全面造林，據以增加全臺森林覆蓋面積，以達成環境林業之理想，是全民共同的任務。

森林多目標利用系統樹圖。

為何造林要優先採用原生樹種？

造林優先採用原生樹種的理由可分七方面：一、原生植物提供優美、質樸而且具有當地風味特色之景觀，有助於維持鄉土景致特色及自然遺產；二、原生植物與伴生動物經歷長期之共同演化，和生態系的其他生物可共存共榮，也為野鳥、蝴蝶等無數野生動物提供較多的食物及生態棲所；三、原生植物較適應當地土壤，不必施加太多肥料。外來植物則常需大量施肥，肥料中之磷及氮容易引起河川、湖泊水質之污染；四、原生植物具有較強之抗病蟲害能力，可減少農藥之使用；五、原生植物可以適應當地環境，少風害、旱害，並可增加土壤貯水及水土保持功能；六、原生植物可以大量節省管理及日常維護等經費；七、使用原生植物可以強化本土意識及鄉土認同感。

造林是人類回饋自然的方式，透過造林以加速完成森林覆蓋，讓珍貴的綠色資源得以生生不息。

為達到適地適種的目的，與維護生物多樣性考量，造林樹種最好以原生樹種為主。

單一樹種造林與混合造林有什麼不同？

單一樹種造林顧名思義就是在某一土地面積上僅採用一種樹種進行造林工作，混合造林則採用二種以上樹種造林。單一造林的林相單一，在應用技術與管理上較為單純，成本較低，而且可在短時間獲得最高量產；混合造林則剛好相反，成本較高，且因樹木生長期不同，比較難在短時間內獲得快速回收。早年臺灣造林著重於木材生產，大部分種植高經濟價值、生長快速的單純林，但因為單一樹種造林的林相單一，能載育的生物種類與數量不高，無法達到生物多樣性的目的，而且屢次更新容易造成地力衰退；此外，單一樹種造林容易引起病蟲害，造成「一株受害，全族遭殃」的慘況。現在為了配合水土保持、自然保育及生態系經營理念的發展，世界各國多逐漸朝向混合造林努力。

造林對生態會產生哪些效益呢？

造林可以改善生態環境，使得森林盡快達到成熟穩定的平衡狀態，有助於發揮森林的各項功能，如增加二氧化碳的吸存、涵養水源、國土保安等，並促進森林遊樂事業的發展與保護野生動物棲地功能；對於發展工商業所需的水資源以及穩定微氣候環境，具有多元的貢獻。造林可分人工造林與天然更新兩類，各有其價值，不可偏廢。

造林可以改善生態環境，使森林盡快達到成熟穩定的平衡狀態，以發揮森林的功能。

單一樹種造林的林相單純，成本較低，而且可在短時間獲得最高量產。

當今世界各國多朝向混合造林努力。

楊秋霖/攝

什麼是「撫育作業」？

林木的撫育作業是造林工作中重要的一環，係指使用人力或機械等方式，減輕妨害造林林木生長的生物及氣象因素影響，增加生長空間，減低枝幹受損，保持下層空氣流通，以促進苗木成林並提高林木品質的工作。撫育作業的內容包括：割草、除蔓、修枝、疏伐、除伐、施肥、病蟲害防治等。

適當的割草、除草是撫育作業重要的一環。

十年樹木、百年樹人，樹木十年就成林了嗎？

從一棵幼苗，到一棵樹、一片森林，所需的時間遠遠超過十年。從森林演替過程可以得知，森林的成形是由先驅植物打頭陣，將原本荒瘠的環境加以改善後，緊接著灌木、大小喬木才陸續進入，最終達到平衡穩定的狀態。在這個過程中，又會因為樹木種類的不同，成長的速度不同，氣候、環境條件差異等因素，使得成林的時間各不相同。一般而言，熱帶地區的植物生長快速，數十年即可能成林；而溫帶、寒帶因氣候嚴寒，必須花上熱帶地區數倍到數十倍的時間才能成林。

從一株幼苗，到一棵樹、一片森林，所需的時間何止十年。 吳坤富/攝，林務局

不同種類的樹木成長的速度不同，加上氣候、環境條件差異，使得成林的時間各不相同。

為何要實施林地分區？

近年生物多樣性觀念興起，林業經營更加重視自然資源的維護與永續利用。但在維護森林資源外，亦須考量國內木材的供應需求，畢竟高比例地使用國外的木材資源亦有失公平正義；因此，在顧及保育與國土保安的前提下，將全臺灣的林地分級分區，以便合理的運用森林資源。林地分區之目的在於瞭解林地的潛能及相關屬性，並將資源適當歸類；林地分區資料可做為森林生態系經營時的參考，使林地使用及資源管理方式更為合理且適當。目前國內國有林班地已區分為自然保護區、國土保安區、林木經營區、森林育樂區等四種分區。

保安林設置的目的是什麼？臺灣共有幾種保安林？

臺灣山勢險峻，河流短急，加上地質脆弱，每逢豪雨極易造成災害，乾季又有水源枯竭的問題，沿海各地常受季節風沙危害，森林能捍衛土地，涵養水源，減少災害發生。保安林的設置，是以國土保安的公益功能為目的，維護社會福利經濟價值。保安林內林木的樹冠枝葉能截留雨水，減少沖蝕，保護土地；而林地植物擴展的根系能夠固著泥土，增加孔隙，達到鞏固土壤及涵養水源功能；沿海地區則以保安林做為屏障，阻擋來自海洋的強風以及鹽分侵蝕，達到防風、防砂、防潮、維護沿海養殖及民眾安全的目的。總之，保安林除了保護國土，還能提升森林覆蓋率，涵養森林水源、淨化空氣、美化環境、減少污染。目前臺灣地區現有保安林的種類共計11種，分別為：水源涵養保安林、土砂捍止保安林、飛砂防止保安林、防風保安林、風景保安林、潮害防備保安林、水害防備保安林、漁業保安林、墜石防止保安林、衛生保健保安林、自然保育保安林。

水社大山水源涵養保安林。

日月潭風景保安林。

麥寮衛生保健保安林。

土砂捍止保安林。

楊秋霖攝

營造海岸防風林對臺灣有什麼貢獻？

位於季風盛行區的臺灣，一年四季都有季風吹拂，尤其在西部濱海一帶，因地勢低平、空曠，海岸砂地地表細砂易受強風吹襲，造成較肥沃的表土被吹走，因而減低土地生產力。種植海岸防風林，可以使得風吹的路徑受阻，進而降低風力，方便農作物栽培與人們的活動。海岸防風林對臺灣的貢獻有：可以達到防風效果、保障沿海居民生命財產安全、防止鹽害、提升農作物產量、可以當作國防的屏障，以及發展海岸遊樂事業等。

林道的設立有哪些效益？

林道是森林經營的動脈，還有以下效益

1.促進森林育樂與旅遊觀光事業的發展；

2.提供森林經營管理與山區農產品輸運便捷交通；

3.改善山區部落的交通，促進山村經濟發展。

為什麼要設置林道？

廣義的林道包括山地軌道、架空索道、森林鐵路、卡車路，乃至木馬道或牛車道，一般則僅指狹義的供運木材使用的道路。林道屬於專用道路之一，是林務局基於林業經營管理使用之道路。早年，林道是基於運出伐木木材，以及運入伐木作業器材等節省勞力經濟成本效益而開設，亦提供沿線居民及山區農林產品、經濟礦產等民生物資運送交通。然而隨著林業經營型態由森林資源經營轉為多目標與永續利用之森林生態系經營，今日的林道亦肩負森林育樂、造林、林地管理、保林、防火及救災等功能。

大雪山林道。 楊秋霖/攝

阿里山森林鐵路，搖身一變成了遊阿里山不可錯失的觀光景點。

林道的種類？

林道依林業經營業務可分為「主要林道」、「次要林道」以及「一般林道」。

1.主要林道：森林遊樂區聯外道路及山地聚落聯外之林道，全臺共有11條，183公里；其中為森林遊樂區聯外道路者有：東眼山、大鹿林道本線、大雪山、八仙山、奧萬大、祝山、藤枝、宜專一線、翠峰等林道等。

2.次要林道：指一般造林地、苗圃及野生動物保護區之林道，如羅山林道等，共35條，計有885公里。

3.一般林道：其他保護森林及其他自然資源護管業務需要之林道，如水田林道等，共36條，計有569公里。

什麼是FSC（森林管理委員會）認證？

產品上貼有FSC認證標誌，表示該產品從林木培育、採伐到生產製造完全符合標準。

FSC是森林管理委員會(Forest Stewardship Council，FSC)的簡稱，成立於1993年的森林管理委員會是一家獨立、非營利的非政府組織，成員包括綠色和平、WWF等環保組織，企業和來自50個國家的木材貿易協會、政府林業部門、當地居民組織、社會林業團體和木材產品認證機構的代表。旨在促進對環境負責、對社會有益和在經濟上可行的森林經營活動。FSC提出以經濟、環境與社會三大條件的平衡設定認證標準，被視為目前森林管理認證的「黃金標準」，也是全球最嚴格的森林管理和林產品加工貿易認證體系。

FSC，分為森林管理(FM)及產銷鏈管理(COC)，FSC認證涵蓋的產品範圍廣泛，從森林及林木，到所有的木製品，包括建材、家具、地板、紙張、纖維板及其他與木纖維有關的產品。只有產品上貼有FSC認證標誌，才能證明該產品從林木培育、採伐到生產製造完全符合標準。目前全世界已有82個國家的八億多公頃林地，以及各林產加工廠所生產的數千種林業產品的產業鏈通過FSC認證。

此外，尚有PEFC (Programme for the Endorsement of Forest Certification)代表森林產業的各個產業團體支持下成立的森林驗證推動團體。為一獨立、非營利性的非政府組織。藉由第三者驗證制度之互相承認，來推動森林的永續管理經營目標。林業業者要取得PEFC體系的驗證，則其所在國家必須要先建立國家驗證體系，該體系並且經過PEFC審核通過。在由此種PEFC認可驗證制度下驗證通過之後，業者方能掛用PEFC標章。

早期的林道，如今都成了漫步森林、享受森林浴的好去處。

森林經營管理

森林的利用

何謂臺灣的針闊葉五木？

日治時期，外國植物學家來台進行森林資源調查，發現有五種針葉樹分布遍及全島，木理通直、有特殊香氣與色澤，且均為優良的木材樹種，讚嘆為「臺灣五木」，即今日所稱臺灣針葉五木：紅檜、臺灣扁柏、臺灣肖楠、臺灣杉、香杉。針葉五木都是臺灣原生珍貴的樹種，並經木材市場評等為「針一級木」，極具經濟價值。相對於針葉樹種，亦有自闊葉樹中擇選闊葉五木，闊葉樹質地較為堅硬，包括有：臺灣櫸、烏心石、牛樟、樟樹、臺灣櫸樹。針闊葉五木均屬材質優越樹種，不易腐朽，為上等的建築、傢俱用材。其中樟樹更具有歷史文化價值。

「硬木」和「軟木」有什麼差別？

一般所說的硬木，指的是闊葉樹的木材，因為闊葉木組織裡同時具有導管與假導管，質地比較堅硬，故稱做硬木；針葉樹的木材組織只有假導管，木材質地柔軟，所以叫做軟木。硬木因為堅固耐用，多半用來製作地板、傢俱等，缺點是容易龜裂；針葉類的軟木多半含有精油成分，具有抗菌、抗蟲的效果，而且比較不容易變形，因此多被用作樑、柱、門、窗等。

軟木比較不容易變形，因此多被用作樑、柱、門、窗。

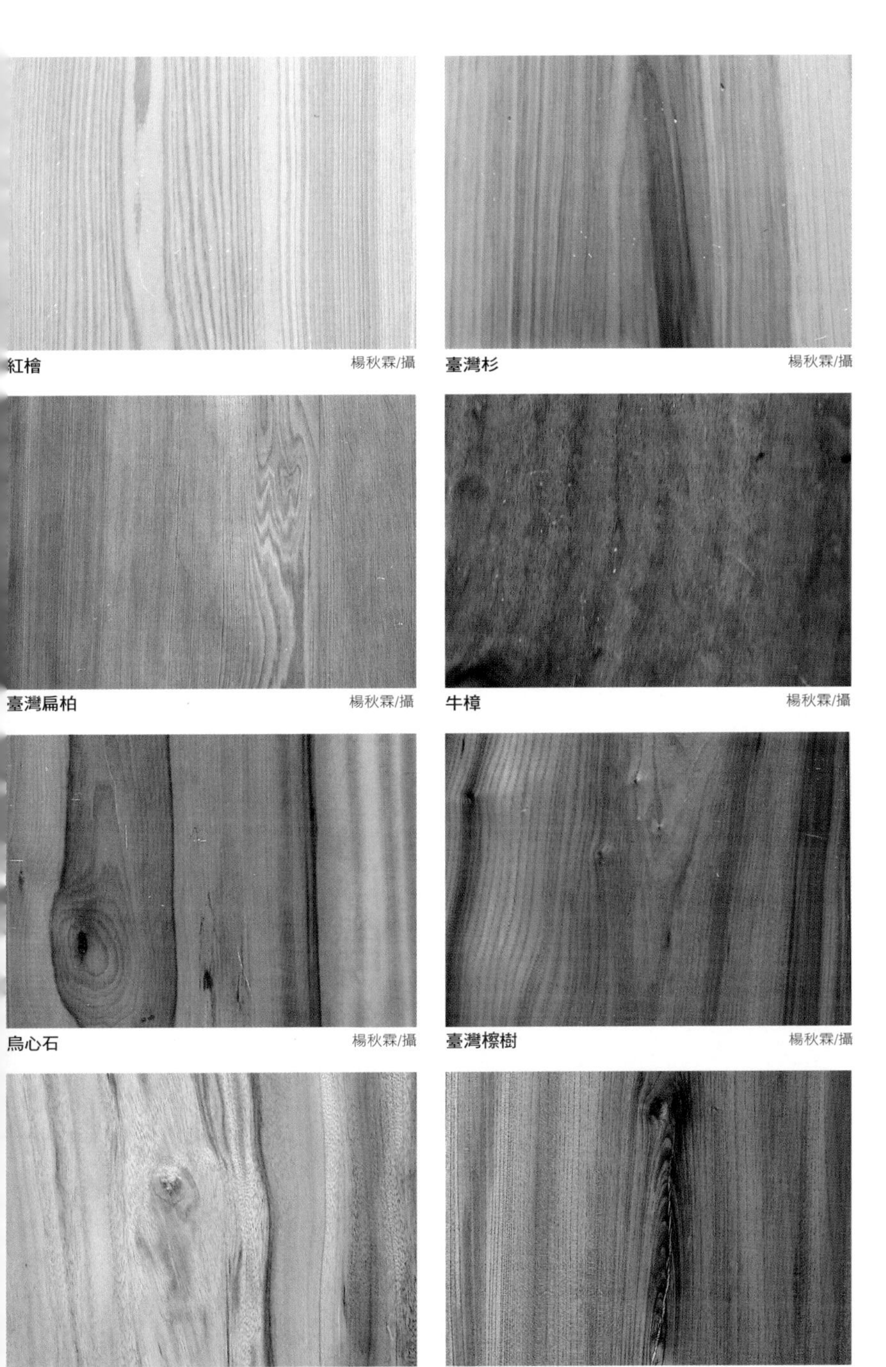

紅檜 楊秋霖/攝

臺灣杉 楊秋霖/攝

臺灣扁柏 楊秋霖/攝

牛樟 楊秋霖/攝

烏心石 楊秋霖/攝

臺灣櫟樹 楊秋霖/攝

樟樹 楊秋霖/攝

臺灣櫸木 楊秋霖/攝

樟腦是怎麼製作出來的？

將樟樹樹身切成片狀，以水蒸氣蒸餾產生樟腦油，再經過較精密分餾器分餾，分別取得樟腦與其他成分，此時取得的樟腦稱為再製樟腦。

樟樹有哪些用途？

樟樹是臺灣主要經濟樹種之一，樟腦、蔗糖、茶葉昔日被稱為臺灣三寶，可見樟樹在臺灣的地位。樟樹可以提煉樟腦油及白色結晶的樟腦，供工業製作賽璐珞、無煙火藥、香料等；在藥用上，可以消毒、防蟲與製作藥材，相傳泰雅族婦女在產後用樟腦沐浴，因而才有樟腦皂、樟腦膏、樟腦條等產品問世。天然的樟腦粉加工製成的天然龍腦可以供應製藥與香料之用，如痱子粉、撒隆巴斯、龍角散等。

❹ 樟腦寮煉製樟腦

樟腦油　樟腦沙　樟腦皂

❺ 將煉製好的樟腦油裝桶

樟腦的製作過程
1 將樟木砍下
2 將新鮮的樟木刨成樟木片
3 將樟木片運送下山
6 最終運用到市場販售

竹子有哪些用途？

竹子的韌性強，可依所需，製作成各種形狀的物件，是早年生活必需品之一。

根據文獻記載，全世界竹類約有1,200~1,300種，竹子全株都能使用，用途更是廣泛。竹子的用途從早期的食物、日常生活用品，到目前最新研發的各種高科技能源，應用十分廣泛。

1. 食用：剛冒出嫩芽的竹筍是最可口的桌上佳餚，如綠竹筍、桂竹筍、麻竹筍、箭筍；竹葉則可用來包粽子等。
2. 日常生活用品：竹桿可以製作傢俱、筷子、掃帚、農具、竹筏、扁擔、釣魚竿；竹籜可以做斗笠；或製作玩具如竹蜻蜓、製作樂器等。
3. 建築材料：早年竹子曾是臺灣重要的造屋材料，此外，還可以搭鷹架、棚架、圍籬、防風林等。
4. 工藝、編織品。
5. 竹炭產業：將傳統竹子轉型升級，廣泛運用於食品、清潔沐浴、紡織、水質過濾、環境改良、醫療保健、樂器等用途。

如何保持竹子顏色的青翠？

位居亞熱帶的臺灣，十分適合竹子生長，根據統計，臺灣的竹材多達18屬58種、4個變種及11個栽培種。由於竹材表面青翠的顏色，與可快速繁殖的特性，使得竹材運用廣受喜愛，用途也十分廣泛。但，採收後的竹材在乾燥、加工後，或儲存的過程中，竹材的顏色常由綠色轉為黃褐色、或灰褐色，失去原先光澤，這是因為竹材的綠色是來自竹桿中的葉綠素，竹青變色是因為葉綠素受到外在環境或生理作用而產生降解反應，失去原先的翠綠色。不過，只要運用化學藥劑適當處理，就能保持竹材的青翠顏色。

經過適當的化學處理，竹材就能保持青翠的顏色。

竹筷。

楊秋霖/攝

竹屋。

竹炭是怎麼製作成的？有什麼功能與應用？

製作竹炭首重選材，一般用來製作竹炭的竹子都是4年以上的成熟竹，因為3年以上的竹子已成熟，形質較穩定，在燒製過程中變形的機率相對較小。竹材經過採伐、裁切、清洗與剖片後，進行煙燻、乾燥程序，將竹子的含水量控制在15%左右，再放入窯內進行炭化作業。等窯內溫度達到250℃時，停止加熱動作，讓竹材在缺氧的狀態下開始炭化作用，稱為「一次炭化」。炭化初期，窯內溫度會明顯上升至350-400℃。完成第一次炭化後，將窯內溫度上升到750℃-800℃，進入精煉期，即「二次炭化」；目的在減少竹炭內部之雜質與揮發成分，提高竹炭之含碳量與硬度。最後將窯密封一週，竹炭便大功告成。從製作到完成大約耗時3~4週。

竹炭的功能：

1.吸附效能：竹炭為一種多孔質天然有機材料，炭質材料含有非常多的孔隙，具有很強的吸附分解能力，以及調節溼度和消除臭味等功能，對硫化物、氮化物、甲醇、苯、酚等有害化學物質，能發揮吸收、分解異味和消臭的作用。

2.遠紅外線效能：經過700℃以上高溫燒製的竹炭，會散發接近人體的遠紅外線，加快血液循環。

3.導電功能：製炭溫度越高，炭電阻值越低，具金屬相似之電磁波屏障效能。

竹炭在日常生活中的應用：

1.食材烹煮、醃漬、添加物：竹炭具多孔質，含有微量天然弱鹼性礦物質且易溶於水，可置於水或飯中，讓竹炭中的礦物質釋放並吸附水中的雜質，提供更好的水質；煮飯可藉由竹炭釋放的遠紅外線，與調節水分溼度的功能，讓米飯更加熟透香Q。根據國內衛生食品相關規定，植物炭可作天然色素，將竹炭粉添加在食物中可以改變口感及外觀顏色，如餅乾、麵包、蛋糕、麻糬、豆腐等。

2.清潔、保養、美容：如牙膏、洗面乳、洗面皂等產品的研磨劑。

3.除臭：將竹炭置於冰箱、室內角落、貓沙盆等，藉以吸收空氣中有害的化學物質及臭氣、異味和溼氣。

4.織品、裝飾品：將竹炭加入纖維中，運用在棉織品，如竹炭襪、護膝、護肘、護腰、衛生衣褲、鞋墊、枕頭、棉被、吸汗衣等，或手環、項鍊、手機吊飾等，其散發的遠紅外線可以幫助血液循環及吸附異味。

楊秋霖/攝

植物炭可作天然色素，添加在食物中可以改變口感及外觀顏色。
（左圖）造型精巧的竹炭杯（右上圖）竹炭帽與手套。（右中圖）

煉製竹炭的竹炭窯。

紙是怎麼製作出來的？

從一棵樹到日常所用的一張張紙，需要經過多少程序呢？根據現代造紙過程，可分為製漿與造紙。製漿顧名思義就是將原木變成紙漿的過程，一般可分為機械製漿法、化學製漿法，與半化學製漿法。基本程序為：將採伐下的原木剝皮後切片，利用鹼性或酸性化學藥品將原木加以蒸解，使纖維分離出來；將分離出的纖維篩洗，再經過磨漿、漂白等程序後，以抄紙機或抄漿機製成漿板。再來則是製紙，這個調製過程，將決定紙張完成後的強度、色調、印刷性的優劣與紙張保存期限的長短。首先將水加入製好的紙漿原料中，充分打散混合，進行磨漿後送到製紙機的鐵網上，形成溼的紙匹，再以壓榨機壓出水分，然後烘乾、塗膠、壓光，就成了平整的紙張。最後經過裁切與品管、包裝，出場，成為我們日常所用的紙張。

何謂「森林副產物」？

依據「國有林產物處分規則」，主產物指生立木、枯損、倒伏之竹木及餘留之根株、殘材，副產物則指「樹皮、樹脂、種實、落枝、樹葉、灌藤、竹筍、草類、菌類及其他主產物以外之林產物」，木材除了可以作為建築、家具等用途外，樹皮、枝葉、果實等副產物，依用途大致分為：

1.工藝材料類：如藺草、黃藤、菊花木等。
2.食用類：如愛玉子、竹筍、菌菇類等。
3.藥用類：紅豆杉、土肉桂、金線蓮、靈芝、杜仲等。
4.香料類：肉桂、山胡椒、樟樹、檜木等。
5.油脂類：可可、椰子、油茶等。
6.樹脂類：松類、漆樹、橡膠樹等。
7.單寧及染料類：紅樹、兒茶、相思樹等。
8.飼料類：豆科、構樹、山黃麻等。

肉桂皮

椰子

孟宗竹竹筍

蓪草

構樹

愛玉凍是怎麼作出來的？

愛玉凍是由愛玉子所製成。愛玉子是桑科榕屬常綠藤本植物，植株藉由不定根攀附於岩壁或樹幹上，主要分布在海拔1,000~2,000公尺山區闊葉林中；果實長倒卵形，表面綠色，成熟時為黃綠色或紫色，有白色斑點。1~11月為果實成熟期，採集後，縱切剖開翻轉讓瘦果露出，曬乾後刮下的瘦果，就是俗稱的愛玉子。瘦果為雌花經授粉、授精形成，外表含有豐富膠質，將其放入乾淨的紗布包，浸於冷開水約二、三十分鐘後，用手搓揉，即形成淡黃色、半透明的膠體，靜置約半小時後，即凝成愛玉凍。

剖開的愛玉子。

愛玉瘦果。

愛玉果實。

森林經營管理

森林遊樂及自然教育

何謂生態旅遊？

依據「臺灣生態旅遊白皮書要點」，定義生態旅遊為：一種在自然地點所進行的旅遊形式，強調生態保育的觀念，重視環境教育與社區居民的福祉，並以永續發展為最終目標。須遵守以下八大原則：

1.必須採用低環境衝擊之營宿與休閒活動；
2.必須限制到此區的遊客量；
3.必須支持當地的自然資源與人文保育工作；
4.必須盡量使用當地居民的服務與載具；
5.必須提供遊客以自然體驗為旅遊重點的遊程；
6.必須聘用瞭解當地自然文化的解說員；
7.必須確保野生動植物不被干擾、環境不被破壞；
8.必須尊重當地居民的傳統文化及生活隱私。

生態旅遊對森林生態的影響是什麼？

生態旅遊是一種小眾、於自然地點，以不干擾森林動植物的前提下，盡情享受自然生命與人類文化的多樣性活動。在此前提下，無論是消極或積極式的生態旅遊，都可以增進人類對於森林動植物、環境、棲地、生態的認識，建立正確、永續的生態觀念，達到人與自然交融共存的理想。

友善的對待森林，就是不作出致使森林受到危害的行為。
楊秋霖/攝

在自然教育中心課程中，讓小朋友以落葉、樹枝、果實即興創作。

攀爬樹木是親近森林的活動之一。

為什麼解說員很重要？

生態解說員的主要功能在於將某特定區域內的自然環境特性，以深入淺出的形式，傳遞給參觀遊客的一種教育性活動。透過解說，可以讓參觀者更容易感受到環境的豐富、多變，並深入體驗當地的人文、自然之美，且對自然環境有更深的認識，進而引起參觀遊客對當地環境的關注。並可藉由解說員提供新的視野、感受與體驗，喚起參觀者的環保意識，進而有更積極的實際環境保育行為。

森林遊樂區設置的目的是什麼？會破壞森林生態嗎？

森林遊樂區的設置的目的是以森林生態為休閒遊憩與環境教育的核心資源，提供遊客欣賞或體驗其中的大自然景觀，獲得最多的自然體驗與學習；同時著重森林環境的永續經營，關心區域文化內涵，促使國土資源保育與地方永續發展。因此，會依其環境屬性劃定出營林區、育樂設施區、景觀保護區、森林生態保育區進行不同的管理，並且每十年會進行通盤的檢討，已訂出最符合環境生態的經營模式，所以森林遊樂區的設置是不會破壞森林生態的。

森林遊樂區可以提供遊客休閒、育樂、親近大自然的活動。

國家森林解說志工帶領參與民眾認識海相沈積等地質景觀。

透過實地的導覽解說，達到環境教育功能。

森林運材的軌道車有幾種？

蹦蹦車：早年臺灣多處林場都設有蹦蹦車道，但在禁止砍伐後便荒廢不用，太平山蹦蹦車前身為林務局羅東林區管理處轄下的太平山林場運材鐵道，完成於1924年(日治時期，大正十三年)，是日人為開採太平山上的檜木而興建。1978年黛拉颱風重創平地段路線，加上林業政策的改變，平地段路線遂於1979年8月停止營運；山上的路線則隨著1982年太平山林場停產走入歷史。1991年，為發展太平山的觀光事業，修復太平山莊至茂興段約2.5公里的鐵道，並打造觀光用的開放式車廂載客，搭乘蹦蹦車慢行可一覽太平山附近的高山美景以及林間風光，也可體驗昔日運材車一路搖擺前行的樂趣。太平山在冬季時偶會降雪，也因此成為臺灣少見的「雪中鐵道」。

烏來臺車：烏來臺車道興建時間推估約於於1928年(日治時期，昭和三年)，最早是用來運送木材。軌道呈斜坡狀設計，由負責運送人員將臺車推上山，運木下山則依靠斜坡滑動。1951年，烏來公路開通，開始以手推式載客臺車，運送遊客至瀑布區遊玩；1964年，將烏來至瀑布段程約1.6公里的單軌車道拓寬為雙軌，1974年臺車動力機械化，「烏來觀光臺車」正式誕生。

阿里山森林鐵路：阿里山森林鐵路是日治時期為轉運木材而規劃興，1912年正式完工通車，隨後為因應森林開發所需，陸續增設支線，目前嘉義至阿里山鐵路長約七一．四公里，為世上著名的登山鐵路之一。阿里山森林鐵路開發初期純以運材為主，也是早期山地居民上、下山及運輸生活物資的主要工具。民國五十一年起，以柴油車取代蒸汽動力機車，由運材為主轉變為客運為主，並逐漸發展為高山觀光鐵路列車。

烏來臺車的演變。

阿里山森林鐵路，是昔日最重要的運材道路，也是今日阿里山最耀眼的景點。

為什麼要設置自然教育中心？

自然教育中心的設置是希望透過一個與自然契合的場域，在空間規劃與設施材質上符合永續發展的原則，由一群具備不同專業的工作人員，規劃出符合不同對象需求的活動；並藉由專業的人員、適當的引導，陪伴大、小朋友走入山林、親近自然，在古老的森林裡，學習巨木的沉穩與包容；在開疆闢土的植物裡，體認自然的奉獻與韌性；從一粒種子看到造物者的奇蹟；從一片新葉感受蘊含的力量；聆聽來自大地的聲音、原野的呼喚；吸取森林的能量、體驗生命的意義；在探索森林、日月、溪流、鳥獸奧秘的同時，真正的瞭解自然、尊重自然，謙卑地向自然學習。

透過自然教育中心，希望大眾能獲得以下知識與技能：

1.提升對於森林生態與相關問題的敏感度。

2.獲得森林生態與相關知識。

3.喚起森林美學素養，提升對於森林生態的情感。

4.促進正向環境態度與價值觀的形成，並願意承擔環境保護的責任。

5.獲得保護森林生態相關的行動技能，並能為森林環境的永續發展而努力。

以森林為教室，喚起森林美學素養，提升對於森林生態的情感。

小朋友專注的聆聽樹液流動的聲音。

體驗早年以人力運材的艱辛。

藉由活潑有趣的活動，導引小朋友認識大自然。

定向運動怎麼玩？

「定向運動」(Orienteering)於1886年起源於瑞典，而臺灣直到1975年才開始引進，2009年在高雄舉辦的世運會及臺北的聽障奧運已將定向運動列為正式比賽項目，是一種結合智力與體力的挑戰。簡單的說，參與者只要帶著定向地圖、指北針按圖索驥，逐一到達指定的檢查點，並盡可能在最短時間內完成就算成功。競賽場地從學校、公園、城市街道、郊山、荒野、森林，甚至於湖泊及海洋中都能進行。

為什麼要設置步道系統？

臺灣山林地區常因地形起伏或河川切割，形成豐富的地質地形景觀，孕育了許多珍貴特有的生物、棲地與生態系，而早期遍布臺灣山林的步道、古道，更蘊含了豐富的歷史與故事，保存了臺灣本土文化與先民生活智慧。週休二日施行後，林野遊憩與登山健行活動隨之風行；民國90年起，由林務局整合相關單位，逐步建置發展全國步道系統。步道系統以各地既有步道為主，整合旅遊區域、景觀據點等，配合環境資源特色、透過完善的軟硬體及豐富的遊程規劃，賦予步道系統新生命及定位。目前全國步道系統長度逾萬公里，包括熱門登山健行之既有步道、古道，國家公園、國家森林遊樂區及風景區內之遊憩步道；或位於國有林班地、縣市政府轄屬公有林等郊野步道；部分自成步行網絡，部分結合鄰近社區或遊憩、景觀據點，提供遊憩體驗、健身休閒步道等。

全國步道的建置與發展，目的在於保育山林環境、提供優質遊憩體驗的前提下，輔以具備環境教育內涵之多元工作項目，讓民眾經由登山健行等戶外活動中，建立環境概念認知、澄清環境價值，認識人類、文化和生物、物理環境之間的相關性，有效發揮森林環境之經濟與社會機能，使人們得與森林友善溝通，並從溝通過程中獲得愉快，進而尋求自我生命定位。

步道的設立，是希望能兼顧保育山林環境與提供優質遊憩體驗。

謝宗宇/攝．林務局

步道系統對生態旅遊及社區發展有哪些影響？

透過全國步道系統的連結，可以串連全島旅遊區與觀光區，如國家森林遊樂區、國家公園、風景特定區等，形成自然旅遊網絡，促進生態旅遊的推展。並依據各步道的特色、景觀據點的自然人文資源與鄉土特色，發展環境特色旅遊。例如瞭解先住民各族及社群間的關係，認識臺灣的土地與社會發展史；從沿途多變的環境資源，認識自然生態與地理環境的多樣性與獨特性；從漫步曲徑蜿蜒間，體驗臺灣山林之美，啟發愛護環境思維，提昇健康正面之社會價值觀等。從而建立生態旅遊概念，落實無痕山林運動，降低對周遭環境的破壞，保護自然資源，達到自然永續山林環境的目的。

全國步道系統設置可以活絡城鄉，結合步道沿線與周邊山村的文化與農林特產品，輔導山村發展具地方特色的各類服務、產品，活絡成相產業與促進文化傳輸，使得自然環境與地區居民和遊客各蒙其利。藉由參與機會，凸顯在地文化內涵，建立具環境與文化共識的社區。

早期遍布臺灣山林的步道、古道，蘊含了豐富的歷史與故事，保存了臺灣本土文化與先民生活智慧。

步道系統可使人們親近森林，不致對森林造成危害。

森林經營管理

森林護管與保育

森林這麼廣大，有人在照顧嗎？

森林護管員，即俗稱的巡山員，是保衛森林最前線的工作人員。依據「森林護管工作要點」規定，護管員工作包括：保林工作、造林撫育、防範森林火災、野生動物保育、防止盜伐濫墾等，並協助山難救助、野生動物資源調查、推廣社區林業、步道系統維護等，森林護管員任務重大，可說是山林的守護者。

濫墾、盜伐對森林生態會造成怎樣的影響？

濫墾與盜伐均使林木消失，樹木無法進行光合作用，森林多層次功能無法發揮，地表直接暴露在太陽輻射下，造成森林溫度升高，不適合野生動植物生存。且使森林提供野生動物覓食、棲地功能遭到破壞，迫使野生動物將活動範圍縮小或遷往他處；遭濫墾後的土壤失去積蓄、涵養水量的功能，微生物無法作用，使得土壤在遭遇豪雨時容易鬆動、造成坍塌、土石崩落；旱季時土壤乾枯加劇，嚴重時將導致森林退回到荒地狀態，重新進行演替。

聯合巡視。（上圖、下圖） 楊秋霖/攝

如何防止發生森林大火？

1.在林地經營管理上，針對容易發生森林火災及火勢容易擴展的高危險區域劃定危險範圍，加強林地巡護，積極規劃救災與避難路線等防範措施；
2.高危險區域定期進行易燃燃料移除工作，並闢建永久防火林帶；
3.建立森林火災危險度預警系統；
4.推動山地社區防災宣導與規劃等；
5.嚴格執行引火許可規定；
6.加強民眾防災教育訓練及宣傳。

森林大火該怎麼控制及撲滅？

森林火災的控制取決於擴展速度、火的強度、氣象因子等因素，可採取直接滅火及間接滅火二種基本方法進行火勢控制與撲滅。

1.直接滅火：直接滅火法是以直接之動作使火熄滅。救火人員直接使用水、土、砂、火拍、樹枝及刀斧等工具，進行灑水、覆蓋、拍打或劈砍的動作，直接將火撲滅。一般使用於火災初期火勢尚未擴大或輕型燃料之地表火及清理火場時，但只要火勢不大、風力不強、人員可以接近並且無安全問題時，雖屬大型火災，亦應儘量採用此法，以減少損失。
2.間接滅火：間接滅火法是在火災延燒之前方，適當的距離，將燃料撤除，使向前延燒之火停止前進。一般用於火勢猛烈，延燒迅速，以及高溫、濃煙、斷崖峭壁等工作情況極端惡劣的場所，或因人力不足無法採用直接滅火法控制火場時。間接滅火法常利用天然防火線（如道路、溪溝、峭壁等）配合開闢臨時防火線或引火回燒等方式，來阻隔火勢延燒。

當指揮官派員勘察火場後，即應決定採用何種滅火方法，但火場情況變化莫測，有時為對應火場變化兩種方法均需使用，非一成不變，因此需隨時密切注意火場變化，機動調整滅火策略。

森林火災的控制取決於擴展速度、火的強度、氣象因子等因素，可採取直接滅火、間接滅火之基本方法進行火勢控制與撲滅。

東勢林管處稍來山瞭望臺以往曾肩負起協助偵測森林火災火場情況之重責。

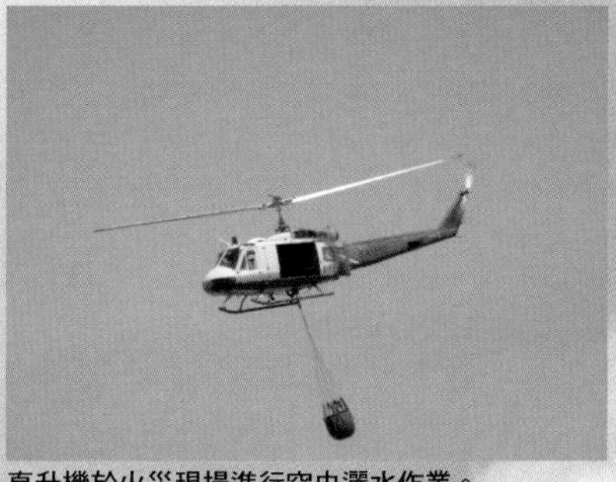

直升機於火災現場進行空中灑水作業。

什麼是火災危險度？

即在森林火災發生前，推算引燃林木的機率，並將引起燃燒的機率劃分等級，發佈於森林區域的周邊，尤其是林道入口，及森林管理單位，讓公眾知悉林火發生的可能性。一般而言，影響林火的環境因子包括燃料、地形與氣象。在燃料上又可細分為燃料型態（重質燃料、輕質燃料）、大小（越小越容易引燃）、溼度（溼燃料、乾燃料）、燃料量、燃料排列（水平排列、垂直排列）等；氣象因素包括溫度、風、相對溼度、降雨；地形則包括坡向、坡度、火的位置與山谷的型態。

發生森林火災時該怎麼辦？

森林火災發生時，應立即通報林務局或就近林區管理處工作站，或者消防單位、警察單位，或撥打防火專線。防火專線：0800-000-930(您您您救山林)，以及0800-057-930(林務局救山林)，或撥打119緊急電話，由消防機關轉通報林務機關。

於森林林道入口標示林火危險度，可以讓公眾知悉林火發生的可能性。 楊秋霖/攝

健全的森林，才能發揮生物多樣性的功能。
楊秋霖/攝

何謂生物多樣性？

生物多樣性一詞最早於1986年提出，當時是用來指對地球上所有植物、動物、真菌與微生物物種種類的清查。演變至後來則擴充至地球上生物世界與環境的所有層面，包括組成各物種的不同個體的基因多樣性、組成各生物群落的物種多樣性，以及提供各群落棲息的不同環境組成的生態系多樣性的總稱。

何謂「特有種」？

特有種是指在某一地區經過長期演化形成適應當地環境的物種，該種僅分布、生長於某一特定地區內，其他地區則不見其生長與分布，因此為該地區的獨特資源。

何謂珍貴稀有植物？臺灣有哪些珍貴稀有植物？

依據「文化資產保存法」第76條及79條規定所指定公告的，「珍貴稀有動植物」係指本國所特有，或族群數量稀少、或有滅絕危機之動植物。「文化資產保存法」公布實施後，共指定23種珍貴稀有動物，以及11種珍貴稀有植物；民國90年9月27日農委會將23種珍貴稀有動物與3種珍貴稀有植物公告解除，91年1月14日又公告解除3種珍貴稀有植物。目前被列為珍貴稀有植物的僅有：臺灣穗花杉、臺灣油杉、南湖柳葉菜、臺灣山毛櫸、清水圓柏五種。

何謂保育類野生動物？

依野生動物保育法第四條規定，野生動物可分為保育類及一般類二種，其中保育類野生動物又可分為以下三類：

1.瀕臨絕種野生動物：族群量降到危險標準，導致其生存已面臨危機的野生動物。

2.珍貴稀有野生動物：指各地特有或族群數量稀少的野生動物。

3.其他應予保育野生動物：指族群數量雖未達稀有程度，但生存已面臨危機之野生動物。

臺灣擁有許多珍貴稀有與瀕臨絕種的野生動物，唯有保護其棲地，才能讓這些野生動物持續繁衍。

臺灣的自然保護區域分哪幾類？

臺灣地區以自然保育為目的所劃設之保護區，可區分為「自然保留區」、「野生動物保護區」、「野生動物重要棲息環境」、「國家公園」，以及「自然保護區」共五種類型。

臺灣有哪些自然保護區？

共有六個自然保護區，包括：十八羅漢山自然保護區、雪霸自然保護區、海岸山脈臺東蘇鐵自然保護區、關山臺灣海棗自然保護區、大武山臺灣油杉自然保護區、甲仙四德化石自然保護區。

甲仙四德化石自然保護區裡有珍貴化石遺跡。

保留濱溪植群對溪流生態有什麼好處？

生長在河川兩岸或淺水處的植物，稱為濱溪植物，濱溪植群對於整個河川生態系與濱溪生態系都具關鍵地位。濱溪植群因覆蓋良好，可以達到保護河岸、減少土壤沖蝕；提供魚類及其他河川生物庇蔭的場所；防止太陽輻射量；降低水溫，使溪流環境適合魚類與其他生物的棲息及食物來源。

濱溪植群可以保護河岸、減少土壤沖蝕。

大武山自然保留區。
楊秋霖/攝

太魯閣國家公園砂卡礑溪。
楊秋霖/攝

為何需要設立魚梯？

魚梯又稱魚道，是為了幫助洄游性魚類能在人工的水利環境中生存的設施。為抑止野溪土砂災害，乃進行溪流整治，於溪流設立防砂壩、潛壩等橫向人工設施，但此舉卻限縮了魚類的生活空間，壩體的落差更讓洄游性魚類無法逆溯至上游產卵，使得魚類生態受到破壞。魚梯的設計則利用較平緩低矮的階梯狀水道，誘引魚類逆流而上，穿越如防砂壩等因為落差而造成的障礙。因此，魚梯的流速必須控制到能夠吸引魚隻溯溪，且不致造成魚的體力耗盡無法繼續旅程。

溪流整治的目的是什麼？

溪流受到侵蝕作用或堆積作用下造成溪流不穩定，因此在溪流內設立固床工、跌水工、防砂壩等人工設施，改善溪床縱向落差，經由人工構造調整溪床坡降，以利緩減水流，降低溪床沖刷。

發現非法宰殺及獵捕野生動物案件該如何處理？

若發現有非法宰殺或獵捕野生動物案件時，可報請司法警察等執行人員予以拍照或錄影存證，再依被宰殺、獵捕之動物種類，或使用獵具的類別，分別依照「非法宰殺及獵捕野生動物案件處理程序」處理。民眾或團體舉發而查獲違反案件時，因不同處理程序，得發給適當的舉發獎金。

魚梯（左側）又稱魚道，是為了幫助洄游性魚類能在人工的水利環境中生存的設施。

防砂壩的設置主要是為了改善溪床縱向落差，以利減緩水流，減少溪床沖刷。

野生動物危害農、林、漁業時，要如何處理？

依據我國野生動物保育法第21條規定，野生動物有危及公共安全或人類性命之虞者，或危害農林作物、家禽、家畜或水產養殖者，或傳播疾病或病蟲害者，得予以獵捕或宰殺，但若為保育類野生動物，除情況緊急外，應先報請主管機關處理。

近年來臺灣獼猴保育有成，但卻出現對農作物造成危害的情事。

臺灣威脅性最大的外來種植物是什麼？對原有生態造成什麼影響？

臺灣威脅性最大的外來種植物首推小花蔓澤蘭與銀合歡。原產自中南美洲的小花蔓澤蘭，目前已蔓延全臺坡地；由於其種子產量極為驚人，種子著床萌芽後生長速度極快，每月蔓藤可生長延伸1.8公尺，很快便爬滿其他植物，對整體坡地環境造成嚴重的生態衝擊。銀合歡原產於中美洲，三百年前由荷蘭人引進作為薪炭材與飼料，由於繁殖力驚人，臺灣的海岸線幾乎被銀合歡覆蓋，使得原生植物無法競爭，其中又以恆春地區特別嚴重。此外，如馬纓丹、巴拉草、銀膠菊、布袋蓮等都已被認定為世界級的外來入侵植物。外來種植物對當地的農業生產、景觀、衛生與生態環境都會帶來負面衝擊。因為外來種植物與本地生物，未經共同演化過程，因此若不是被淘汰、就是大量繁殖，對本土生物產生排擠現象，不利原生植物生長。

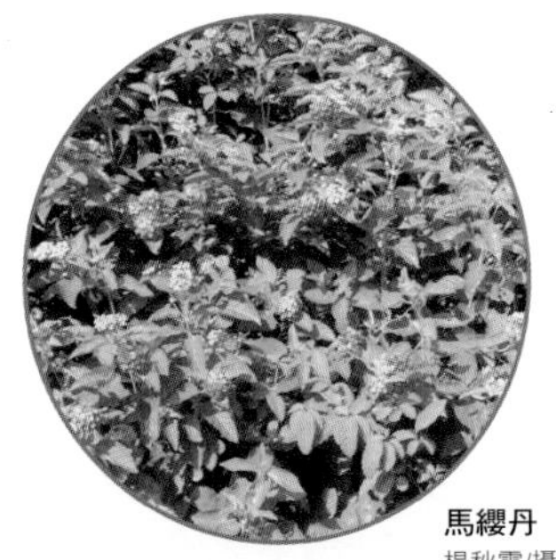
馬纓丹
楊秋霖/攝

布袋蓮
楊秋霖/攝

原產於中美洲的銀合歡在三百年前由荷蘭人引進，由於繁殖力驚人，臺灣的海岸線幾乎被銀合歡覆蓋，使得原生植物無法競爭。

小花蔓澤蘭是臺灣威脅性最大的外來種植物之一。

林務局轄屬森林遊樂區&自然教育中心

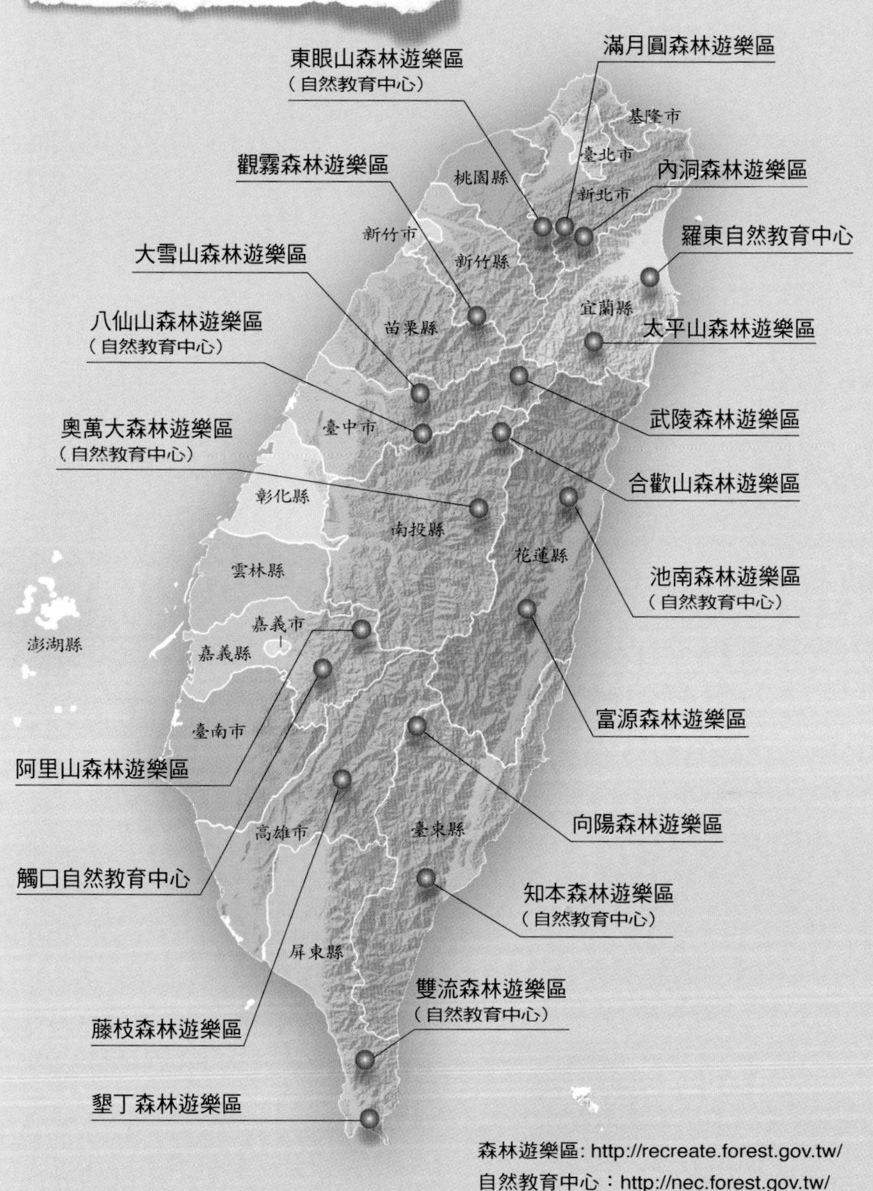

森林遊樂區: http://recreate.forest.gov.tw/
自然教育中心：http://nec.forest.gov.tw/

滿月圓森林遊樂區

生態旅遊：賞蝶／青斑鳳蝶、臺灣鳳蝶、琉璃蛺蝶；賞鳥／鉛色水鶇、翠鳥、灰喉山椒、赤腹山雀；賞蛙／斯文豪氏赤蛙；觀瀑／處女瀑布、滿月圓瀑布；賞紅葉／青楓；賞景/筆筒樹、山蘇花、山櫻花。

旅遊建議：滿月圓森林遊樂區→自導式步道→觀瀑亭→滿月小橋→滿月圓瀑布→處女瀑布→老街、清水祖師廟→賦歸。

交通路線：

A.開車 國道三號→三鶯交流道→110縣道→三峽→3號省道→大埔→左岔路往省道7乙→湊合→插角→有木里方向→樂樂谷→滿月圓。

B.客運 三峽搭臺北客運往樂樂谷下車步行50分鐘。

開放時間：08:00~17:00(假日07:00~17:00)

門　　票：假日全票100元，非假日全票80元，半票50元，優待票10元。

洽詢電話：滿月圓森林遊樂區(02)26720004，新竹林區管理處(03)5224163。

滿月圓森林遊樂區森林步道。

內洞森林遊樂區

生態旅遊：賞鳥／臺灣紫嘯鶇、臺灣藍鵲、河烏；賞蛙／面天樹蛙、翡翠樹蛙；賞魚／鯝魚(苦花)、溪哥、臺灣馬口魚；觀瀑／三疊隱瀑；賞蝶／青斑鳳蝶、青帶鳳蝶、紅邊黃小灰蝶；賞果／水同木；賞景／筆筒樹、山蘇花、水鴨掌秋海棠。

旅遊建議：臺北→烏來台車→觀賞泰雅族舞蹈→內洞森林遊樂區→內洞瀑布→賞景步道→賦歸。

交通路線：

A.開車 國道三號→新店交流道→省道台9線→新店→烏來→信賢村→內洞。

B.客運 臺大醫院前搭乘開往烏來的新店客運班車，至烏來站下車，由烏來檢查哨步行至信賢村即可。新店客運(02)2666-0678。

開放時間：08:00~17:00

門　　票：假日全票80元，非假日全票65元，半票40元，優待票10元。

洽詢電話：內洞森林遊樂區(02)26617358，新竹林區管理處(03)5224163。

內洞森林遊樂區，內洞瀑布。 利勝章/攝

太平山森林遊樂區

生態旅遊：賞鳥／白耳奇鶥、金翼畫眉、綠啄木、槿鳥；觀蟲／臺灣長臂金龜；賞蝶／寬尾鳳蝶；賞樹／白嶺巨木、檜木原始林、紫葉槭、臺灣山毛櫸；觀瀑／三疊瀑布；賞花／白櫻花、毛地黃、臺灣杜鵑；賞景／日出、雲海、山嵐；蹦蹦車；高山湖泊／翠峰湖。

旅遊建議：

第一日 羅東→太平山森林遊樂區→鳩之澤溫泉→中間解說站→白嶺巨木→見晴瞭望台→夜宿太平山莊。

第二日 翠峰湖→蹦蹦車→三疊瀑布→原始檜木森林公園→羅東→賦歸。

交通路線：

A.開車 (a)臺北→國道五號→宜蘭→7號省道→土場→鄉道宜53號→鳩之澤→太平山
(b)臺中→埔里→大禹嶺→梨山→台7甲線→土場→鳩之澤→太平山
(c)桃園→大溪→北橫台7線→巴陵→台7甲線→北橫→土場→鳩之澤→太平山

B.客運 國光客運，於宜蘭(9:30)或羅東(9:45)搭車可直達。

開放時間：週一～週五06:00~20:00，
週六～週日04:00~20:00

住　　宿：訂房系統：http://tps.forest.gov.tw
訂房電話：020301176
語音網路開放時間：08:00-20:00

門　　票：假日全票200元，非假日全票150元，半票100元，優待票10元。

停 車 費：大型車100元，小型車100元，機車20元。

洽詢電話：太平山森林遊樂區(03)9809806，售驗票站(03)9809619，羅東林區管理處(03)9545114。

全台獨一無二的太平山山嵐。 楊秋霖/攝

東眼山森林遊樂區

生態旅遊：賞花／西施杜鵑；賞蝶／大紅紋鳳蝶；賞景／柳杉樹海；賞鳥／灰喉山椒、五色鳥、臺灣畫眉；賞蛙／莫氏樹蛙、澤蛙、腹斑蛙；三千萬年前蝦蟹生痕化石。

旅遊建議：大溪→東眼山森林遊樂區→自導式步道(自然生態景觀)→遊客中心（森活館、森展館、森影館園區概況介紹）→景觀步道→餐廳(午餐)→林業展示步道(流籠、台車、運材索道、及材機器)→化石區(三千萬年前化石遺跡)→親子峰→造林紀念石→大溪→賦歸

交通路線：

A.開車 (a)桃園→大溪→省道台7線→復興鄉→113號縣道→東眼山
(b)三峽→湊合→省道台7乙線→三民→省道台7線→復興鄉→113號縣道→東眼山

B.客運 無客運車直達，建議以自行開車前往為宜。

開放時間：08:00~17:00(假日07:00~17:00)

門　　票：假日全票100元，非假日全票80元，半票50元，優待票10元。

停 車 費：大型車100元，小型車100元，機車20元。

洽詢電話：東眼山森林遊樂區(03)9821505，新竹林區管理處(03)5224163。

自然教育中心：內設東眼山自然教育中心。諮詢電話：(03)3821533

觀霧森林遊樂區

生態旅遊： 賞鳥／冠羽鳳鶥、紅頭長尾山雀、黑長尾雉、藍腹鷴；觀蟲／長尾水清蛾；賞花／山櫻花、霧社櫻、臺灣杜鵑、森氏杜鵑、棣木華鳳仙花、黃花鳳仙花、紫花鳳仙花、臺灣百合、笑靨花；賞紅葉／臺灣紅榨槭、青楓；賞景／雲海、檜木巨木群、瀑布、雪霸連峰壯麗山景。

旅遊建議： 一日遊新竹→大鹿林道→觀霧森林遊樂區(榛山步道、檜山巨木群步道、觀霧瀑布步道、賞鳥步道、蜜月小徑擇一或二條健行)。

交通路線：

A.開車 (a)國道三號竹林交流道→120縣道→竹東→112縣道(南清公路)→清泉→大鹿林道→觀霧

(b)新竹→68號快速道路→竹東-112縣道(南清公路)→清泉→大鹿林道→觀霧

B.客運 客運經營路線僅至清泉，距觀霧尚有30餘公里，建議開車前往為宜。

餐　　飲： 觀霧山莊(餐廳)，提供合菜及下午茶。

洽詢電話： 觀霧森林遊樂區

(037)272917，(037)272913，

新竹林區管理處(03)5224163。

樂山雲瀑。 黃瑞賢/攝

武陵森林遊樂區

生態旅遊： 賞鳥／白尾鴝、鷦鶲、金翼白眉；動物／櫻花鉤吻鮭、山羌、臺灣野山羊、臺灣水鹿、臺灣獼猴、赤腹松鼠；觀瀑／桃山瀑布；賞蝶／曙鳳蝶；賞紅葉／栓皮櫟、青楓、楓香。

旅遊建議：

第一日 臺中→埔里(參觀手工製紙、埔里酒廠)→清境農場→昆陽、武嶺(觀賞群山百岳、箭竹草原、雲海晚霞)→夜宿松雪樓(觀星)

第二日 松雪樓(欣賞高山動植物、地理景觀)→梨山→武陵農場(參觀農場園藝、果菜栽培)→武陵森林遊樂區→夜宿武陵山莊(觀星)

第三日 武陵山莊(賞花、賞鳥、櫻花鉤吻鮭)→桃山瀑布(森林浴步道、動植物生態)→武陵山莊→霧社(抗日紀念公園)→臺中→賦歸

交通路線：

A.開車 (a) 臺北→宜蘭→棲蘭→南山→武陵

(b) 桃園→三民→巴陵→明池→棲蘭→南山→武陵

(c) 王田交流道→草屯→埔里→霧社→合歡山→梨山→武陵

(d) 臺中→中投快速道路→埔里→14號省道→霧社→合歡山→梨山→7甲省道→武陵

(e) 花蓮→太魯閣→8號省道(中橫公路)→大禹嶺→梨山→7甲省道→武陵

(f) 臺北→北宜高速公路→頭城→9號省道→7號省道→棲蘭→7甲省道→武陵

B.客運 由臺中市搭乘豐原客運至梨山站下後，再轉搭往武陵支線即可抵達。

豐原客運(04)25234175

開放時間： 08:00~17:00

住　　宿： 武陵山莊，訂房訂餐專線(04)25901288

門　　票： 全票160元，團體票130元；非假日全票130元，團體票100元；優待票10元。

停 車 費： 大型車80元，小客車50元，機車10元。

洽詢電話： 武陵森林遊樂區(04)25901020，東勢林區管理處(04)25150855。

八仙山森林遊樂區

生態旅遊：賞花／杜鵑、山櫻花、埔里杜鵑；賞鳥／小卷尾、灰喉山椒、紅頭長尾山雀、赤腹山雀、小剪尾；觀蟲／鍬形蟲；賞景／二葉松林、五葉松林、孟宗竹；奇石。

旅遊建議：

第一日 臺中→豐原→石岡(廚餘廠、電火圳生態、豐東綠色走廊、食水科休閒農園)或東勢(豐東綠色走廊、老街巡禮、客家美食)→佳保台→八仙山森林遊樂區→植物標本園→孟宗竹林→神社遺址→靜海寺→合流→夜宿佳保台小木屋(夜間觀察、觀星)

第二日 佳保台(森林浴步道、賞鳥)→苦伕寮→櫻花林→第一涼亭→十文溪橋→谷關(泡溫泉)或松鶴(部落巡禮)→臺中→賦歸

交通路線：

A.開車 1號或3號國道→4號國道→豐原端交流道→台3號省道→東勢→中部橫貫公路(8號省道)→谷關篤銘橋(33公里處)右轉→八仙山林道→(約4~5公里)→八仙山莊

B.客運 於臺中、豐原搭乘豐原客運往谷關班車，約每小時一班，於篤銘橋下車步行即可達。豐原客運臺中站(04)22223454、豐原站(04)25246603、東勢站(04)25872043

開放時間：08:00~17:00

住　　宿：小木屋、蜜月屋、八仙山莊。
訂房專線(04)25229696、(04)25229797
訂餐專線(04)25950288

入園門票：假日全票150元，非假日全票100元，
半票75元，優待票10元

洽詢電話：八仙山森林遊樂區(04) 25951214，
東勢林區管理處(04)25150588。

八仙山森林遊樂區入口。 楊秋霖/攝

自然教育中心：內設八仙山自然教育中心。 諮詢電話：(04)25950229

大雪山森林遊樂區

生態旅遊：賞鳥／藍腹鷴、黑長尾雉、深山竹雞、黃腹琉璃、金翼白眉、綠啄木；賞樹／雪山神木；賞楓／臺灣紅榨槭、青楓；賞花／臺灣杜鵑、玉山杜鵑、臺灣百合；賞景／雲海、晚霞；觀星。

旅遊建議：

第一日 臺中→豐原→石岡(豐東綠色走廊、食水科休閒農園)或東勢(豐東綠色走廊、老街巡禮、客家美食)→大雪山森林遊樂區→船型山苗圃(欣賞晚霞、雲海)→夜宿鞍馬山莊。

第二日 鞍馬山莊(森林浴步道、賞鳥)→鳶嘴山→稍來山靜→夜宿鞍馬山莊(觀察夜行性動物)

第三日 鞍馬山莊(森林浴步道、賞鳥)→天池→雪山神木→埡口觀景台(觀賞群山百岳、晚霞、雲海)→小雪山→東勢→臺中→賦歸

交通路線：開車 高速公路臺中豐原交流道下→豐原市→3號省道→東勢→大雪山林道→大雪山森林遊樂區

開放時間：08:00~17:00

住　　宿：小木屋、大雪山賓館、雪山莊，訂房專線(04)25229696、(04)25229797
訂餐專線(04)25877911

門　　票：假日全票200元，非假日全票150元，半票100元，優待票10元。

停 車 費：大型車100元，小型車100元，機車20元。

洽詢電話：大雪山森林遊樂區(04)25877901，東勢林區管理處(04)25150855。

奧萬大森林遊樂區

生態旅遊：賞景／奧萬大吊橋、大草坪、二葉松林、河階台地；觀樹／殼斗科植物；賞紅葉／楓香、落羽松、青楓；賞鳥／臺灣藍鵲、冠羽鳳鶥、綠背山雀、茶腹鳾；賞蛙／日本樹蛙；觀蟲／長臂金龜、鍬形蟲；動物／臺灣獼猴、白面鼯鼠。

旅遊建議：

一日遊 奧萬大森林遊樂區瀑布深呼吸→櫻花園浪漫賞櫻野餐趣→賞鳥平台聽鳥鳴→奧萬大吊橋賞景。

二日遊 埔里(花卉中心、造紙龍或廣興紙廠）→奧萬大森林遊樂區瀑布深呼吸→宿奧萬大，賞星觀月→晨起聽鳥鳴→奧萬大吊橋賞景。

三日遊 梅峰農場知性之旅→夜宿梅峰→奧萬大森林遊樂區瀑布深呼吸→櫻花園浪漫賞櫻→奧萬大吊橋賞景→宿奧萬大，賞星觀月→晨起聽鳥鳴→瀑布深呼吸→國姓鄉（典型客家庄、品嘗咖啡、冬季採草莓）。

交通路線：

開車 (a)國道三號霧峰系統交流道(214K)→國道六號埔里端→左轉台14→霧社→右轉投83線→奧萬大

(b)北部南下→國道一號→彰化系統交流道(193K)→國道三號→霧峰系統交流道(214K)→國道六號埔里端→左轉台14→霧社→右轉投83線→奧萬大

(c)南部北上→國道一號→經東西向快速道路(例如台78、82、84)→國道三號→霧峰系統交流道(214K)→國道六號埔里端→左轉台14→霧社→ 右轉投83線→奧萬大

(d)花蓮出發→台8線→大禹嶺→台14甲線→霧社→奧萬大

開放時間：08：00 ~ 17：00

住　　宿：小木屋、綠野山莊、楓紅山莊，全數以網路訂房，訂房網址：http://awdonline.forest.gov.tw/。

門　　票：假日全票200元，非假日全票150元，半票100元，優待票10元。

停 車 費：大型車100元，小型車100元，機車20元。

洽詢電話：奧萬大森林遊樂區（049）2974511，南投林區管理處（049）2365226。

自然教育中心：內設奧萬大自然教育中心。諮詢電話：(049)2974499

阿里山森林遊樂區

生態旅遊：賞花／山櫻花、吉野櫻、臺灣一葉蘭、玉山杜鵑、木蘭、阿里山十大功勞、黃花著生杜鵑；賞鳥／阿里山鴝、冠羽鳳鶥、大赤啄木、綠背山雀、黑長尾雉、臺灣戴菊、白耳奇鶥；賞景／日出、雲海、晚霞、檜木巨木群、秋楓。

旅遊建議：

第一日 嘉義→阿里山森林遊樂區→一期巨木群棧道→神木車站→二期巨木群棧道→受鎮宮→夜宿阿里山

第二日 祝山或小笠原山觀日出→阿里山貴賓館→沼平公園→姊妹潭→塔山步道→木蘭園→受鎮宮→嘉義

交通路線：

A.開車 國道3號中埔交流道→台18省道→阿里山

B.客運 嘉義縣公車，於嘉義火車站前站出口右側搭乘，終點站下車。

開放時間：0~24時

住　　宿：請自行洽園區內合法旅館。

門　　票：假日全票200元，非假日全票150元，半票100元。

洽詢電話：阿里山旅客服務中心(05)2679917，阿里山工作站(05)2679715，嘉義林區管理處(05)2787006。

藤枝森林遊樂區

生態旅遊： 賞鳥／冠羽鳳鸝、白耳奇鶥、紅嘴黑鵯；觀蟲/齒輪天蠶蛾、台灣長尾水青蛾、黃豹天蠶蛾、長臂金龜、獨角仙、鍬形蟲；動物／赤腹松鼠、臺灣獼猴、山羌、山豬；賞蝶／苧麻蝶、齒輪天蠶蛾、臺灣長尾水青蛾；賞景/六龜警備道；賞花／西施杜鵑、山櫻花、台灣蘋果、巒大秋海棠、武威秋海棠、藤枝秋海棠、出雲山秋海棠、臺灣秋海棠。

旅遊建議：

第一日 六龜→藤枝森林遊樂區登山健行→夜宿當地民宿或寶來溫泉

第二日 寶來→甲仙→旗山→美濃

交通路線：

開車 國道3號燕巢系統交流道→國道10號→旗山→184號縣道→六龜→寶山→二集團→藤枝。

開放時間： 08：00~17：00。

門　　票： 假日全票120元，非假日全票80元，半票60元，優待票10元。

洽詢電話： 遊客中心(07)6895123，售票處(07)6893118，屏東林區管理處(08)7236941。

墾丁森林遊樂區

生態旅遊： 賞花／夜間開放的棋盤腳花；觀果／毛柿；賞鳥／紅尾伯勞、灰面鵟鷹、赤腹鷹、烏頭翁、五色鳥；賞岩／鐘乳石、石筍；賞蝶／黃裳鳳蝶、黑點大白蝶；觀樹／銀葉板根、白榕支柱根。

旅遊建議：

第一日 墾丁森林遊樂區→第一遊覽區→(茄冬巨木、花榭、花壇、石筍寶穴、仙人掌溫室、銀葉板根、望海台、仙洞、觀海樓、銀龍洞、垂榕谷、迷宮林、一線天、第一峽、棲猿崖) →夜宿墾丁

第二日 墾丁牧場→恆春→四重溪泡溫泉→賦歸

交通路線：

A.開車 (a)中山高轉88快速道路→國道三號→南州交流道下→台1省道→新埤→水底寮→楓港→26號省道→車城→恆春→墾丁

(b)國道3號→南州交流道下→台1省道→新埤→水底寮→楓港→26號省道→車城→恆春→墾丁

B.客運 (a)高雄客運:(07)2384880

(b)屏東客運左營高鐵站→墾丁:(08)7237131。

(c)國光客運高雄東站→墾丁

開放時間： 08:00~17:00

門　　票： 假日全票150元，非假日全票100元，半票75元，優待票10元

停 車 費： 大型車80元，小型車50元，機車20元

洽詢電話： 墾丁森林遊樂區(08)8891211，屏東林區管理處(08)1236941。

墾丁森林遊樂區石筍寶穴鐘乳石。

雙流森林遊樂區

生態旅遊：賞鳥／臺灣藍鵲、樹鵲、翠鳥、烏頭翁、五色鳥；賞蝶／紅紋鳳蝶、黃裳鳳蝶、大白斑蝶；賞樹／光臘樹；觀瀑／雙流瀑布。

雙流瀑布。 何敦凱/攝

旅遊建議：

第一日 高雄→楓港→雙流森林遊樂區→遊客中心→涉溪步道→雙流瀑布→帽子山→夜宿四重溪泡溫泉。

第二日 四重溪泡溫泉→車城→恆春→南灣→鵝鑾鼻→賦歸。

交通路線：

A.開車 (a)國道1號轉88快速道路→國道三號→南州交流道下→台1省道→楓港轉台9線→雙流

(b)臺東→9號省道→知本→太麻里→大武→雙流→雙流森林遊樂區

B.客運 (a)高雄東站往楓港雙流站下車

(b)於恆春前往楓港在往臺東方向於雙流下車

開放時間：08:00~17:00

門　　票：假日全票100元，非假日全票80元，半票50元，優待票10元

停 車 費：大型車100元，小型車100元

洽詢電話：雙流森林遊樂區(08)8701394，屏東林區管理處(08)1236941。

自然教育中心：內設雙流自然教育。諮詢電話：(08)8701499

合歡山森林遊樂區

生態旅遊：賞花／杜鵑、玉山佛甲草、虎仗、阿里山龍膽、黃苑；賞鳥／岩鷚、酒紅朱雀、金翼白眉、臺灣戴菊、煤山雀；賞景／雪景、雲海、冷杉林、玉山箭竹；動物／臺灣山椒魚、楚南氏山椒魚、雪山草蜥。

合歡山-雪景。

旅遊建議：

第一日 臺中→埔里(參觀手工製紙、埔里酒廠)→清境農場→合歡山森林遊樂區→昆陽、武嶺(觀賞群山百岳、箭竹草原、雲海晚霞)→夜宿松雪樓或滑雪山莊。

第二日 石門山(觀日出)→合歡東峰(登山健行)→霧社(抗日紀念公園)→臺中→賦歸。

交通路線：

A.開車 (a)國道6號埔里交流道→台14號省道→埔里→霧社→台14甲省道→合歡山。

(b)花蓮太魯閣→台8號省道(中橫公路)→大禹嶺→台14甲省道→合歡山。

(c)宜蘭→中橫宜蘭支線(台7甲)→梨山→大禹嶺→台14甲省道→合歡山。

B.客運 搭乘豐原客運往梨山方向於合歡山下車。

住　　宿：松雪樓、滑雪山莊(049)280-2980，訂房專線(04)25229696、25229797 訂餐專線(049)2803393。

洽詢電話：合歡山森林遊樂區(049)2802980，東勢林區管理處(04)2510855。

知本森林遊樂區

生態旅遊：賞花／臺東蝴蝶蘭；賞鳥／朱鸝、紅嘴黑鵯、臺灣藍鵲、大冠鷲、鳳頭蒼鷹；賞蛙／日本樹蛙；賞蝶／玉帶鳳蝶；賞樹／千根榕、茄苳古樹、大酸藤、藤蕨、幹花榕；溫泉。

旅遊建議：

第一日 臺東→知本森林遊樂區→藥用植物園區→山莊花園→好漢坡→森林浴步道→大葉桃花心木林→千根榕→榕蔭步道→瀑布→水流腳底按摩步道→野餐區→觀林吊橋→夜宿知本溫泉旅館。

第二日 知本溫泉旅館→卑南文化公園→初鹿牧場→鹿野高台茶園→紅葉溫泉→關山→池上蠶桑休閒農場→成功→賦歸。

交通路線：

A.開車 臺東→11號省道→知本→樂山產業道路→知本森林遊樂區

B.客運 臺東市搭乘鼎東客運至內溫泉站下車，前行300公尺即可抵達。鼎東客運(089)328269

開放時間：07:00~17:00(7~8月延後一小時休園)

門　　票：假日全票100元，非假日全票80元，半票50元，優待票10元。

洽詢電話：知本森林遊樂區(089)510961，臺東林區管理處(089)345493。

自然教育中心：內設知本自然教育中心。諮詢電話：(089)510961

知本自然教育中心。

富源森林遊樂區

生態旅遊：賞螢／黑翅螢、山窗螢、紅胸窗螢、橙螢；賞蝶／鳳蝶、粉蝶、斑蝶、蛇目蝶、蛺蝶、小灰蝶、挵蝶；賞鳥／仙八色鶇、灰喉山椒、朱鸝、赤腹山雀；賞樹／樟樹、九芎、山棕。

旅遊建議：

第一日 花蓮→富源森林遊樂區→環溪步道→環山步道→瀑布巡禮→夜宿富源

第二日 富源→光復糖廠→瑞穗溫泉→秀姑巒溪泛舟→長虹橋→八仙洞→石梯坪→花蓮→賦歸。

交通狀況：

A.開車 (a)花蓮→省道台9線→吉安→壽豐→鳳林→萬榮→光復→富源
(b)臺東→省道台9線→關山→玉里→瑞穗→富源

B.客運 搭乘花蓮客運往玉里方向，至富源站下車，步行3公里可達。
花蓮客運(03)8338146

C.鐵路 搭乘東線鐵路(普通車居多)至富源站下車，再步行約3.5公里即可到達。

開放時間：08:00~22:00

住　　宿：蝴蝶谷溫泉度假村(03)8812377

門　　票：全票100元，半票60元。

洽詢電話：蝴蝶谷溫泉度假村(03)8812377，花蓮林區管理處(03)8325141。

富源林間小木屋。 楊秋霖/攝

池南森林遊樂區

生態旅遊：賞鳥／紅頭穗鶥、五色鳥、灰喉山椒、河烏、翠鳥、環頸雉、烏頭翁；賞蝶／紅紋鳳蝶、白帶蔭蝶、無紋淡黃蝶、淡紫粉蝶；賞樹／筆筒樹、九芎、光臘樹；賞景／鯉魚潭、林業史跡。

旅遊建議：花蓮→池南森林遊樂區→林業陳列館→參觀運材索道機具→景觀步道→鯉魚山步道→賦歸

交通路線：

A.開車 花蓮→9號省道→南華→干城→9丙省道→文蘭→池南

B.客運 搭花蓮客運往壽豐方向(每天約11班次)，至池南站下車，步行約1公里抵達。花蓮客運(03)8338146。

開放時間：08:00~17:00

門　　票：假日全票50元，非假日全票40元，半票25元，優待票10元。

停 車 費：大型車100元，小型車50元，機車20元。

洽詢電話：池南森林遊樂區(03)8641594，花蓮林區管理處(03)8325141。

自然教育中心：內設池南自然教育中心。諮詢電話：(03)8641594

池南自然教育中心體驗課程。

向陽森林遊樂區

生態旅遊：賞鳥／小翼鶇、茶腹鳾、綠背山雀、冠羽鳳鶥、黑長尾雉；賞花／南湖山蘭、綉邊根節蘭、臺灣喜普鞋蘭、玉山杜鵑、紅毛杜鵑；賞紅葉／紅榨槭；賞景／向陽大崩壁、雲海、紅檜巨木、二葉松林、鐵杉林。

旅遊建議：一日遊　臺東→海端→向陽森林遊樂區→園區內步道→眺望大關山→遊樂區遊客服務中心。

交通狀況：

A.開車 (a)南橫：臺南→甲仙→桃源→梅山口→天池→埡口→向陽森林遊樂區。
(b)南橫：臺東→關山→利稻→向陽森林遊樂區。
(c)高雄→旗山→甲仙→寶來→桃源→梅山口→天池→埡口→向陽森林遊樂區。

B.客運 目前僅有鼎東客運由臺東站至利稻。
鼎東客運臺東站(089)328269

開放時間：08:00~17:00

門　　票：目前免收入園費。

停 車 費：遊樂區外、南橫公路旁停車場。

洽詢電話：向陽森林遊樂區0912-103376，臺東林區管理處(089)345493。

南橫向陽森林遊樂區。

羅東自然教育中心

交通路線：

A.開車 國道五號→羅東→縣道196線→光榮路→中正北路→羅東自然教育中心

B.客運 (a)國道客運臺北—羅東路線(首都客運及葛瑪蘭客運)：於羅東總站下車後，步行至火車站後站穿越至前站出口，直行至中正北路口右轉，沿中正北路直行約1000公尺可達。步行約20分鐘。

(b)省道客運 頭城—南方澳線(國光號)：竹林站下車，轉林場路約3分鐘後可抵達園區入口。

C.鐵路 羅東火車站前站出口，直行至中正北路口右轉，沿中正北路直行約1000公尺可達。步行約10-15分鐘。

開放時間：林業文化園區，週一～週日 6：00-19：00
森產館、森活館、生態竹屋開放時間，
週三～週日9：00-12:00、14:00-17：00
藝文區文化創意中心開放時間，
週二～週日9：00-17：30。

洽詢電話：(03)3821533

羅東自然教育中心自然觀察課程。

觸口自然教育中心

交通路線：

A.開車 國道1號→東西向82號快速道路→國道3號→中埔交流道→省道台18→觸口

B.客運 (a)搭乘嘉義縣公車往阿里山、達邦、奮起湖線，在五虎寮站下車步行約3分鐘即可到達。嘉義縣公車(05)2763788。

(b)搭乘嘉義客運往觸口線，在五虎寮站下車，步行約3分鐘即可到達。嘉義客運(05)2223194。

開放時間：8:30～16:30

入園門票：免費。

洽詢電話：(05)2590211

觸口自然教育中心，自然體驗活動。

林務局自然步道

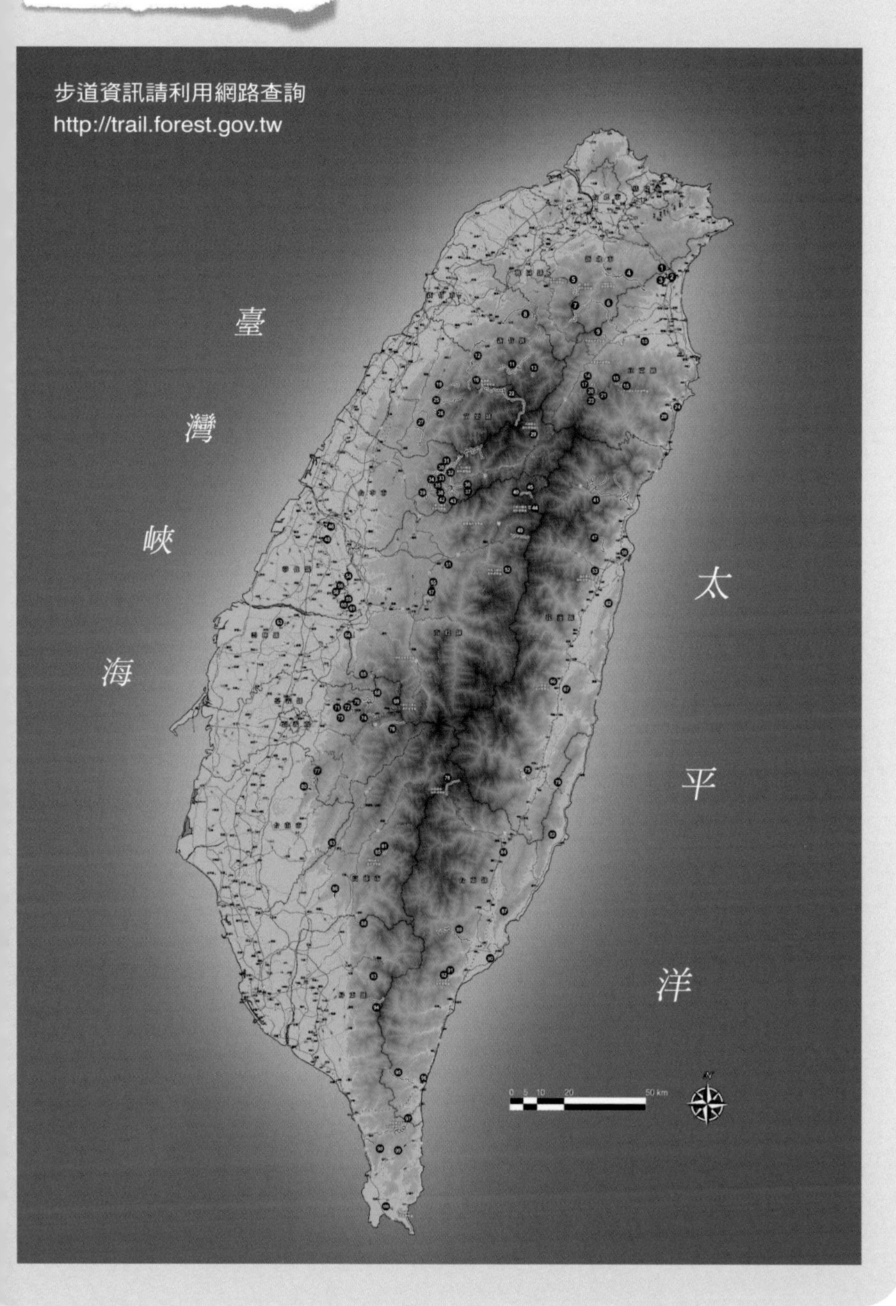

林務局自然步道

管理處	步道類型	步道名稱
羅東處14條	國家步道1條	1南澳古道
	區域步道13條	2礁溪跑馬古道
		3聖母登山步道
		4林美石磐步道
		5松羅步道
		6拳頭姆自然步道
		7鳩之澤自然步道
		8翠峰湖環山步道
		9台灣山毛櫸步道
		10見晴懷古步道
		11鐵杉林自然步道
		12三疊瀑布步道
		13茂興懷舊步道
		14朝陽步道
新竹處14條	國家步道4條	1東滿步道
		2福巴越嶺國家步道
		3霞喀羅國家步道
		4大霸尖山登山步道
	區域步道10條	6桶後越嶺步道
		7哈盆越嶺步道
		8北得拉曼巨木步道
		9鎮西堡巨木群步道
		10鳥嘴山登山步道
		11加里山登山步道
		12五指山登山步道
		13觀霧森林遊樂區步道群
		14冬瓜山登山步道
		15馬那邦山登山步道

管理處	步道類型	步道名稱
東勢處16條	國家步道1條	1鳶嘴稍來小雪山國家步道
	區域步道15條	2合歡東峰步道
		3合歡尖山步道
		4武陵森林遊樂區桃山步道
		5橫嶺山步道
		6大雪山森林遊樂區步道群
		7八仙山森林遊樂區步道群
		8德芙蘭步道
		9八仙山步道
		10東卯山步道
		11唐麻丹山步道
		12波津加山步道
		13屋我尾山步道
		14新山馬崙山步道
		15白毛山步道
		16斯可巴步道
南投處14條	國家步道1條	1能高越嶺道西段
	區域步道13條	2桃源里龍鳳谷步道
		3猴探井步道
		4清水岩園區（中央嶺、二棧坪、十八彎）步道
		5田中麒麟山森林步道
		6香山森林步
		7坑內坑森林步道
		8廟前坑森林步道

管理處	步道類型	步道名稱
		9奧萬大森林遊樂區步道群
		10澀水社區水上森林步道
		11大林環嶺森林步道
		12鯉魚潭森林步道
		13二崙自然步道
		14龍過脈森林步道
嘉義處 11條	國家步道 2條	1塔山步道
		2特富野古道
	區域步道 9條	3嘉南雲峰步道
		4瑞太古道
		5四大天王山步道
		6獨立山步道
		7奮瑞古道
		8奮起湖大凍山步道
		9龍銀山步道
		10關仔嶺大凍山步道
		11崁頭山步道
屏東處 12條	國家步道 3條	1北大武山國家步道
		2浸水營國家步道西段
		3六龜警備道國家步道
	區域步道 9條	4藤枝森林遊樂區步道群
		5六義山步道
		6筏灣泰武步道
		7尾寮山登山步道
		8美濃雙溪樹木園步道
		9石門山步道

管理處	步道類型	步道名稱
		10里龍山自然步道
		11雙流森林遊樂區步道群
		12墾丁森林遊樂區步道群
花蓮處 8條	國家步道 3條	1月眉山步道
		2安通越嶺道西段
		3八通關古道-鹿鳴吊橋段
	區域步道 5條	4佐倉步道
		5鯉魚山步道
		6富源森林遊樂區步道群
		7虎頭山步道
		8富興步道
臺東處 10條	國家步道 2條	1嘉明湖國家步道
		2浸水營國家步道東段
	區域步道 8條	3麻荖漏山步道
		4利嘉林道
		5知本林道
		6知本森林遊樂區步道群
		7都蘭山步道
		8鯉魚山步道
		9關山紅石步道
		10大武觀海步道

16條經典步道

南澳古道(國家步道)

環境特色：古道遺跡、特殊動物生態、原住民人文風情

二百多年前，南投仁愛鄉泰雅族為尋找獵場及耕地，翻山越嶺來到南澳山林定居；南澳山區的泰雅人因狩獵及交換物資，走出一條條的山徑，以聯落各部落及通往南澳平原取鹽。日治時期則將部分路段開闢為警備道，成為大南澳古道系統。而林務局剛整修完成的南澳古道僅是前面的一小段，沿途循南澳南溪上溯，山高水峻，生態資源豐富。

翠峰湖環山步道

環境特色：湖泊景觀、氣象與眺望景觀、山岳景觀、特殊植物生態

位在海拔1,840公尺的翠峰湖，為臺灣最大的高山湖泊，景觀變化萬千，由晨曦初露、旭日東昇、日正當中、午后雲起到落日彩霞，皆具特色；偶可見鴛鴦戲水， 是全球分布最南限。環湖步道為早年伐木時期的運材路線，步道800公尺處的展示站為舊有機關車油庫改建而成，並鋪設40公尺長的鐵道，讓遊客感懷昔日林道 工作之艱辛。因氣溫低、空氣溼潤，長年籠罩於濃霧細雨之中，造就豐富的苔原生態，翠綠欲滴、質地柔軟，與兩旁昂然而立的紅檜林形成鮮明對比。

霞喀羅國家步道(國家步道)

環境特色：古道遺跡、特殊植物生態、特殊動物生態

霞喀羅為泰雅族語的烏心石，因該地區盛產此樹而得名。古道橫跨新竹縣五峰鄉、尖石鄉，是早期當地部落的聯外交通要道。日治時期，日人為討伐附近部落，沿著古道進入山區，修築警備道路，設立砲台及派出所，現仍留有許多荒廢的警官駐在所遺址。古道沿線經過大漢溪源頭的上游，翻越頭前溪及大漢溪的集水區，形成溪谷源流的特色；而步道有多處極佳的賞楓點，入秋時可見滿山火紅的楓樹林，是知名的賞楓景點。

觀霧森林遊樂區步道群

環境特色：山岳景觀、眺望景觀、特殊植物生態、瀑布景觀

觀霧森林遊樂區位於臺灣的雲霧帶，雲霧常繚繞於山谷之中，因而得名。變化萬千的雲海、日出、日落，及壯闊的聖稜線，是百看不厭的景致，震撼遊客的心靈。園區內有榛山、檜山巨木群、及觀霧瀑布三條步道，各有特色，沿途蓊鬱靜謐，偶有清脆鳥鳴相伴；千年的紅檜巨木，聳立直入雲，令人領悟人之渺小；四季皆有不同的花朵盛開，讓森林天天都有好顏色；而珍稀的棣慕華鳳仙花、觀霧山椒魚、及寬尾鳳蝶等，更為觀霧增色不少。

鳶嘴稍來小雪山國家步道(國家步道)

吳志學/攝

環境特色：地質地形景觀、氣象與眺望景觀、特殊植物生態、特殊動物生態、山岳景觀

鳶嘴至稍來路段縱走，全程多為崎嶇難行的陡峭岩壁和險峻如刀刃般的地形，沿途皆需攀繩；步道林木高大壯碩，初春，粉嫩雪白的臺灣杜鵑、秀氣帶粉的紅毛杜鵑、奼紫嫣紅的玉山杜鵑及白瑕的西施花，將步道點綴得詩情畫意；梅雨季時，鬱密的林下有晶瑩剔透的水晶蘭；登臨鳶嘴山頂，可遠眺卓蘭、東勢、新社等地，運氣好時可看到雲海翻騰。稍來-小雪山步道古木參天，林木蓊鬱，畫眉科鳥類鳴叫聲不絕於途，悠揚迴盪山谷。

新山馬崙山斯可巴步道

環境特色：林業文化遺址、山岳景觀、眺望景觀、原住民聚落風情

斯可巴為泰雅族語「手」的意思，意為用「手」指出來的地方，也引伸為用「手」開墾出來的意思。步道原是泰雅族的狩獵小徑，日治時期為伐木人員交通往返的路徑。斯可巴步道約3.4公里，中間銜接的新山步道，長約7公里，來回約7小時，可通往海拔2,305公尺、谷關七雄的老二--馬崙山。滿山遍野的松樹中以「八壯士」及樹齡百年的「松媽媽」最為壯觀，山徑上鋪滿厚厚的松針，就像是五星級的步道。

能高越嶺道西段(國家步道)

環境特色：古道遺跡、台電保線路、氣象與眺望景觀、特殊植物生態、特殊動物生態

能高越嶺道從南投縣仁愛鄉通過臺灣中央山脈中段奇萊連峰與能高連峰，至花蓮縣秀林鄉銅門村。步道平行塔羅灣溪蜿蜒在中央山脈的連綿群峰之中，全線約90%的步道穿越「丹大野生動物重要棲息環境」。早年是賽德克族行獵往來的社路、日治時期的警備交通要道，光復至今的台電高壓輸電保線路。從日治時期開始就是非常受歡迎的登山健行路線，可以看到峻峭綿延的中央山脈主稜群峰、濁水溪與木瓜溪流域的層層山巒，沿途澗谷狹闊相間，視野寬廣多變。

清水岩中央嶺造林森林步道

環境特色：眺望景觀

中央嶺造林步道是將相思樹迤邐山間的搖籃之路；上連十八彎森林步道，下接長青自行車道，步道上的第五嶺，可以眺望至其他三個嶺的觀景平台，稜線上則有木棧道延續在相思樹之間，沿途設有健體設施、觀景平臺及休憩涼亭，也可由步道中之岔路挑戰難度較高的觀音山步道，全線視野絕佳，冬季溫煦、夏季涼爽。步道上端的擎天崗出入口，一座直陡的木梯，有著直通天際的氣勢。

塔山步道(國家步道)

環境特色：鐵道景觀、氣象與眺望景觀、山岳景觀、原住民人文風情

塔山步道原為軍方在塔山頂觀測站駐軍之補給步道，亦為阿里山住民採集箭竹之路徑，後雖軍方撤守而雜草沒徑，但兩旁仍可發現軍方早年所設之引水管路。起點位於姊妹潭旁，可欣賞湖光山色，沿途經過檜木林，享受芬多精森林浴，經過阿里山森林鐵路祝山線段，以天橋方式橫跨其上，可觀賞森林火車蜿蜒而過；終點為塔山頂，可欣賞阿里山森林遊樂區全景，並可眺望玉山群峰，景觀優美。

瑞太古道

環境特色：古道遺跡、眺望景觀

瑞太古道舊稱幼蚋山道，接現今的瑞里及太和，清代與日治時期都曾修築過此古道，是早期先民遷徙入墾與農產運輸的主要交通要道。步道兩旁多為孟宗竹林，沿途可以看到夫妻樹、百年的牛樟巨木、回音谷、象徵先人智慧的「牛稠」框式擋土牆遺跡，及眺望醉人的氤氳山色。往太和的山麓梯田種植了一壟壟整齊油綠的茶園，是近年瑞太山區主要的生計產業。

六龜警備道國家步道(國家步道)

環境特色：古道遺跡、特殊植物生態、特殊動物生態

謝宗宇/攝．林務局

六龜特別警備線國家步道是日治時代在南部興建的第一條警備線，主要為保護六龜、美濃一帶平地人能平安上山採樟腦，不會被原住民出草，當時周圍有設置隘勇線及通電鐵線網，現今雖已損壞，但在樹梢還可看到當年架設電線阻隔電流的礙子。當時還駐防著高密度的軍事武力，越嶺道每隔一公里就有一個警所，全程高達53座警備駐在所，目前在西施花步道上，還偶可見到一些早期建築的砌石牆面，附近還有木炭窯、樟腦寮的遺跡。

里龍山步道

環境特色：眺望景觀、海岸地質地形、水庫景觀

標高1,062公尺的里龍山是恆春半島唯一海拔超過1千公尺的高山。南段步道傍著水量豐沛的苦苓溪而行，高低落差形成飛瀑；沿途可見高聳陡直的山壁及巨石林 立的景觀。前段平緩易行，後段以巨石為階，高低交錯。過海拔660公尺的休息區後一路陡上山頂，每年三、四月杜鵑花佈滿山頭，而在山頂約50棵的臺灣穗花杉，為瀕臨滅絕的珍貴稀有植物，巨岩山頂還可飽覽恆春半島海天一色的美景。

嘉明湖國家步道(國家步道)

環境特色：氣象與眺望景觀、山岳景觀、高山湖泊景觀、特殊植物生態、特殊動物生態

林宗以/攝

嘉明湖海拔約3,310公尺，為臺灣僅次於雪山翠池的高山湖泊，因水色澄澈湛藍且與雲天相映，被登山人喚作「天使的眼淚」。沿途壯麗的高山深谷、斷崖崩壁、瞬息萬變的雲霧、如翡翠與綠緞鑲嵌的森林與草原、空谷鹿鳴、相連的群峰、冬日雪景，以及夜間皎潔的月色和滿天星子等風景；高山生態景觀豐富多變，隨著海拔高度上升，針闊葉混合林相逐漸轉變為臺灣鐵杉與臺灣冷杉交錯生長的景象，更高處則是森林與草原交織的美麗景色，嘉明湖附近高山森林與草原鑲嵌的平緩谷地更是水鹿族群生息的樂土。

都蘭山步道

環境特色：眺望景觀、海岸地質地形、原住民人文風情

都蘭山是卑南族南王的聖山，是祖先最早登陸與居住的地方。其為海岸山脈南段的最高峰，山勢崔巍，步徑陡峭，是岳界必登的中級名山。前段山徑穿梭於五節芒及麻竹林間，上稜後沿途林木高大，林相優美，中途有「普悠瑪」碑石遺址。稜線上視野遼闊，一邊是巍然高聳的中央山脈，一邊是浩瀚無際的汪汪大洋；山頂經常雲霧繚繞，透著一股隱約神秘的氣氛。

八通關古道-鹿鳴吊橋段(國家步道)

環境特色：古道遺跡、溪流景觀

八通關古道鹿鳴吊橋段步道位於花蓮縣卓溪鄉，為日治時期八通關越嶺道的一部分，本步道由鹿鳴吊橋到卓樂國小，單程約二小時，往返需四小時。全程都在闊葉林中，緩坡好走，沿途可觀賞亞熱帶植物，欣賞庫拉庫拉溪壯闊之美，還可以瞭解八通關越嶺道與布農族文化歷史。

鯉魚山步道

環境特色：眺望景觀、特殊植物生態、史前文化遺跡、軍事設施遺跡

鯉魚山狀似鯉魚蜷臥而得名，鯉魚山步道共分賞鳥步道、登山步道、遠眺步道及環潭公路步道，遊客可依體力及時間安排行程。步道旁的鯉魚潭，山光水色、碧波萬 頃，「澄潭躍鯉」為花蓮八景之一。步道沿途為低海拔闊葉林及人造林，春天的櫻花及秋季的臺灣欒樹盛開時，把山頭妝點得熱鬧繽紛。步道最高點、海拔601公 尺的觀景台，有360度的視野，木瓜山、海岸山脈、及村野景觀盡收眼底。每年4-5月螢火蟲大發生時，也是賞螢的好地點。

動植物索引

九劃

十劃

十一劃

十二劃

十三劃

十四劃

十五劃

十六劃

十七劃

十八劃

十九劃

二十劃

二十一劃

二十二劃

二十四劃

二十五劃

Questions and Answers About Forest

你不知道的森林

森林環境解說知識問答集

合作出版 行政院農業委員會林務局、遠足文化事業股份有限公司

行政院農業委員會林務局
發 行 人 李桃生
總 策 劃 林澔貞、謝尚達
行政策劃 翁儷芯
行政執行 黃子銘
審查委員 何湘梅、林宜群、林華慶、范家翔、張偉顗、許明城、黃群修、楊駿憲、廖一光、管立豪、蕭崇仁（依姓名筆劃排序）
地　　址 10050台北市中正區杭州南路一段2號
電　　話（02）23515441
網　　址 http://www. forest.gov.tw

遠足文化事業股份有限公司
顧　　問 楊秋霖、羅紹麟（依姓名筆劃排序）
編　　撰 錢麗安
編　　輯 遠足地理百科編輯組
美術編輯 裴情那
行銷企劃 蔡旻峻

社　　長 郭重興
發行人兼出版總監 曾大福
執 行 長 呂學正
發　　行 遠足文化事業股份有限公司
地　　址 231新北市新店區民權路108-3號6樓
電　　話（02）22181417
傳　　真（02）22181142
E-mail service@sinobooks.com.tw
郵撥帳號 19504465
客服專線 0800221029
部 落 格 http://777walkers.blogspot.com/
網　　址 http://www. bookrep.com.tw
法律顧問 華洋國際專利商標事務所 蘇文生律師
印　　製 成陽印刷股份有限公司 電話（02）22651491

定　　價 480元
第一版第一刷 中華民國100年10月

I S B N 978-986-6731-81-5（精裝）
G P N 1010002816

展售處 五南文化廣場、國家書店松江門市及全省各大書店

圖片來源 本書圖片除有標註者及下列林務局提供之照片外，均由遠足資料中心提供(攝影者：廖俊彥、楊建夫、呂遊等。插畫者：吳淑惠、蔡芸香、吳順文、金炫辰等）
照　　片 林務局（P3、17、41、45、68上、91、94、95、96、97、99、147、157、181下、193上右、199、211下、217下、219、226下、229、231、233下、236、258、259、269上、271、279上、283、285、289上、290上、291上、292、293、296、297、298、299、300）

國家圖書館出版品預行編目資料

你不知道的森林：森林環境解說知識問答集／錢麗安編撰. -- 第一版. -- 新北市：遠足文化；[臺北市]：農委會林務局, 民100.10
面； 公分
ISBN 978-986-6731-81-5（精裝）
1.森林生態學 2.解說 3.問題集
436.12　　100016348